数式なしでわかる AIのしくみ

魔法から科学へ

RONALD T. KNEUSEL［著］　三宅陽一郎［監訳］　長尾高弘［訳］

no starch press

マイナビ

To Frank Rosenblatt — he saw it coming.

フランク・ローゼンブラットへ — 彼はそれを予見していた。

関連サイト

公式サイト（英語）https://nostarch.com/how-ai-works

本書のサポートサイト

本書の補足情報、訂正情報などを掲載します。適宜ご参照ください。
https://book.mynavi.jp/supportsite/detail/9784839986193.html

推薦の言葉[*1]

迷子にならずにAIを掘り下げたいすべての人に薦めたい必読書です。クナイスルは私のような素人にAIの仕組みを説明することに成功しています

— ケネス・ガス（ミルウォーキー公立博物館地質学名誉学芸員）

現代AIという秘密のカーテンの向こう側をわかりやすく親切に見せてくれます。ロナルド・T・クナイスルは、この分野がどのように成長してきたかを語り、AI革命の原動力となったアイデアを説明してくれます

— アンドリュー・グラスナー（『Deep Learning: A Visual Approach』著者）

初期の知覚、記号システムからチャットGPTのような大規模言語モデルに至る人工知能の豊かな歴史を見事に描いた力作です。初心者にとってはAIの謎を解き明かし、60年以上の歴史を持つ研究、開発の最先端を知るための完璧な参考書であり、AIをよく知る人々にとっても知識の穴を埋めるための貴重なツールになります。AIの専門家でさえ、新しい視点を知り、複雑な概念の理解と説明能力を伸ばせるでしょう

— ベン・ディクソン（ソフトウェア技術者、TechTalksエディター）

本書を読んだおかげで、私は仕事ですでに使っているMLツールの理解を深めるとともに、大規模言語モデルと将来のAIが私の専門分野をどのように変えていくかについて新しい視点と知恵をつかむことができました。ソフトウェアシステムの仕事に携わる管理職を含むすべての人々、そしてAIが舞台裏で実際に行っていることを知りたいすべての人々に本書を薦めたいと思います

— ダニエル・コージー（CISSP[*2]、サイバーセキュリティエンジニア）

＊ 訳注1：原書『How AI Works』の推薦の言葉を翻訳の上掲載しています。
＊ 訳注2：Certified Information Systems Security Professional、認定情報システムセキュリティ専門家

はじめに

人工知能（AI）の実践方法を教えてくれる本はたくさんあります。AIを取り上げている有名な本もたくさんあります。しかし、概念的なレベルでAIの仕組みを教えてくれる本は見当たらないようです。AIは魔法ではありません。複雑な数学に頭を悩ませなくても、AIが何をしているのかは理解できます。

本書は、数式なしでAIの仕組みを説明してその穴を埋めます。草むらのなかで這い回る本もあれば、大空高く飛ぶ鳥の目で見た景色を見せてくれる本もありますが、本書は木のてっぺんから見える景色をお見せします。数学のやぶのなかで身動きがとれなくならないようにしながら、AIのアプローチを十分詳しく説明しようと思います。興味をそそられたら、ぜひこの先も読み続けてください。

本書には、**** というものがたびたび現れます。この記号は転換点、つまり話題がちょっと変わりますよという合図です。教科書なら **** は新しい節の始まりを示す番号に該当するのでしょうが、本書は教科書ではありませんし、教科書のような感じにはしたくありません。そこで、節番号、小節番号のようなものを使わず、ちょっと話題が変わりますよという合図のためにこの記号を使っています。たとえば、次のように……

****

私が初めてAIについて学んだのは1987年のことで、学部生向けの授業科目としてです。その後の数十年でAIという言葉の意味は変わってきました。それでも、目標は変わっていません。機械で知的なふるまいを真似ることです。

1980年代には、AIというものがあることに気づいていてもAIを学ぼうとする人はほとんどいませんでした。スター・トレック、ウォー・ゲーム、ターミネーター（これは恐ろしい存在でしたが）のようなSFのテレビドラマや映画でときどき人類に敵対するコンピューターが出てくる程度で、日常生活にとってAIはほとんど無関係でした。

しかし、1980年代は遠い昔になり（レトロファッションが流行ったりすることはありますが）、今やAIはあらゆるところに入り込んでいます。スマホにはあっちではなくこっちに行けと指示するナビアプリ、家族や友人の写真にラベルを貼っていく写真アプリがあり、オンラインからは記事や広告が否応なく次々に流れ込んできますが、これらはみなAIの仕業であり、AIはさまざまな形で日常生活に影響を与えています。

多くの人々がついに「本物のAI」がやってきたと解釈している大規模言語モデルは言うまでもありませんが、航空機の飛行計画、商品の物流、工場の自動化、地球の衛星画像処理、医師のがん判定支援など（これらはほんの一例です）、私たちが普段意識していない場面でもAIは活躍しています。

そのような今、AIについて学ぶ理由は何なのでしょうか。

本書は、何が起きたのか、それはいつ、なぜ起きたのか、そして何よりも大切なことですが、それはどのように起きたのかを数式と誇張なしで説明することによって、その問いに答えます。率直に言って、AI革命の背後にある真実は見事なものですが、誇大広告はいただけません。

そこまで言った以上、私自身についてもある程度説明しておく必要があるでしょう。私の案内でAIの世界をめぐる旅に出かけませんかとお誘いしているのですから、私の案内がよいかどうかを知りたいと思うのは当然です。私が皆さんの立場なら、やはりそう考えます。

先ほども触れたように、私は1980年代後半にAIに触れました。2003年にAIの下位分野である機械学習の仕事を始めました。血管内超音波検査に機械学習モデルを応用するという仕事です。

深層学習のことを初めて耳にしたのは2010年のことでした、深層学習は機械学習の下位分野です。深層学習、機械学習、人工知能の関係は1章で明確にしますが、さしあたり今は同じものだと考えて問題はありません。

2012年には、AlexNet（アレックスネット）と呼ばれるようになったものが登場し、YouTube動画に写っている猫の識別を学習するコンピューターという面白い実験がGoogleで行われました。私は同年にスコットランドのエジンバラで開催されたICML（機械学習国際会議、International Conference on Machine Learning）でGoogleの論文発表を聞きました。それは800人ほどの会議参加者だけが入れる立ち見の会場でした。

2016年には、コロラド大学ボルダー校のマイケル・モーザー教授の指導のもと、AI専攻のコンピューター科学博士の学位を取得しました。それ以来、私は主として防衛産業でAIの仕事をしていますが、2016年には医療AIのスタートアップの共同設立に参加したための一時的な中断があります。

AlexNetの登場以降、AIの世界は進化が急になり、夕方のニュースでなくても学術誌にはほぼ毎月のようにAI関連の何らかの「奇跡」が登場するようになりました。毎年何度もカンファレンスに参加しない限り、変化についていくことはできません。学術誌に研究成果が発表されるのを待っているのでは遅すぎるのです。この分野の進歩はあまりにも早すぎて、学術誌のゆっくりとしたペースではとても追いつけません。

私がこの序章を書いているのは2022年11月で、私は今ニューリップス(NeurIPS)会議の会場にいます。ニューリップスはAIカンファレンスではおそらく最高のもので(決してヘイトメールを送らないでください)、COVID-19パンデミック以来初めての有人開催です。非常に多くの研究者が参加していますが、13,500人の参加者を決めるために抽選が実施された2019年のカンファレンスほどではおそらくないでしょう。10年間でカンファレンスの参加者が数百人から1万人以上に増えたことも、AI研究の重要性が高くなったことを示しています。

これらのカンファレンスを支援し、院卒学生の主要な就職先となっているハイテク産業のトップ企業の名前もAIの重要性を証明しています。カンファレンスには、Google、DeepMind(Google傘下)、Meta(旧Facebook)、Amazon、Appleなどのブースがあります。AIはこれらの企業がしていることの多くを左右しています。AIは大金と直結しています。AIを動かしているのはデータですが、これらの企業は私たちがサービスと交換に無料で提供しているデータをそっくり飲み込んでいます。

本書を読み終える頃には、あなたはAIが舞台裏で(ボンネットのなかでと言ってもかまいませんが)何をしているのかを理解しているでしょう。AIはそれほど理解するのが難しいテーマではありません。ただし、悪魔は細部に宿っています。

本書は次のような構成になっています。

第1章「さあ出発：AIとは何か」

AIの本質の概要説明と初歩的な例でスタートを切ります。

第2章「なぜ今？ AIの歴史」

AIは天から降ってきたわけではありません。AIの成長過程を説明し、なぜ今になって革命が起きたのかを明らかにします。

第3章「古典的なモデル：昔の機械学習」

現代のAIはすべてニューラルネットワークですが、その前の時代のモデルを知っているとニューラルネットワークがしていることを理解するために役立ちます。

第4章「ニューラルネットワーク：脳のようなAI」

ニューラルネットワークとは何か、どのように訓練されるか、どのように使われているのかを知りたいなら、この章がすべて答えてくれます。

第5章「畳み込みニューラルネットワーク：見ることを学習するAI」

現代のAIが持つ能力の多くは、データ表現の新しい方法を学習することから発生しています。この文の意味がよくわからないなら、この章が役に立つでしょう。

第6章「生成AI：創造力を得たAI」

旧来の教師あり機械学習モデルはインプットにラベルを貼ります。それに対し、生成AIはテキスト、画像、さらには動画も含むまったく新しいアウトプットを生成します。この章では、画像生成でもっとも浸透している敵対的生成ネットワーク（GAN）と拡散モデルの2つのアプローチを説明します。GANからは、拡散モデルや7章で取り上げる大規模言語モデル（LLM）を探るために必要な発想を教えてくれます。拡散モデルは、テキストプロンプトから細密で写真のようにリアルな画像と動画を生成できます。

第7章「大規模言語モデル：ついに本物のAI？」

2022年秋にOpenAIがリリースした大規模言語モデル、ChatGPTは、本物のAIの時代の先がけとなったと言ってよいでしょう。この章ではLLMを探っていきます。LLMとは何か、どのような仕組みで動作するのか、新しく破壊的な意味を持つものだと言えるのはなぜかを説明します。

第8章「考察：AIというものが持つ意味」

大規模言語モデルの出現は、AIの状況を一変させました。この章は、その意味をじっくりと考えていきます。

巻末には、AIについてもっと学びたい読者のための参考資料の紹介が含まれています。私としては、あきらかにバイアスがかかりまくっていますが、自著の『Practical Deep Learning: A Python-Based Introduction』(2021, No Starch Press)と『Math for Deep Learning: What You Need to Know to Understand Neural Networks』(2021, No Starch Press)をお薦めします。この2冊は、AIの仕組みの概念的な説明を読む段階からAIを「作る」段階に進むために必要なものをあなたに贈るはずです。

本書を読み進めていくと、本文中の一部の単語や語句が強調表示されていることに気づくでしょう。巻末には、これらの強調表示の言葉の解説も含まれています。ほかの研究分野と同様に、AIにも専門用語があります。それらの用語を全部頭に入れるのは大変なことです。それらの意味を思い出すためにこの用語集は役に立つはずです。

私はAIではなく本物の人間です。自分が列車や信号の画像を識別してクリックできることを知っています。本書の内容についてご意見、ご質問があれば、ぜひお知らせください。メールアドレスは rkneuselbooks@gmail.com です。

準備はよろしいですか？ それでは出発しましょう。

謝辞

まず、穏やかな態度で丁寧に編集してくれた
エヴァ・モロー氏に感謝したいと思います。
また、深い見識から鋭いコメントと提案を下さった
アレックス・カチュリン氏にも感謝しています。
最後に、本書の意義を認め、実現に協力して下さった
No Starch Pressのすべての関係者のみなさんに
感謝の気持を捧げたいと思います。

監訳者より

本書は、近年の深層学習（ディープラーニング）技術をできるだけわかりやすく砕けた表現で解説した本です。文科系、理科系、職種を問わず一般向けに書かれています。機械学習に親しみも持てない方に、親しみを持っていただけるような、そんなフレンドリーな本です。あまり肩ひじを張って読む技術解説ではなく、エッセイ風の解説として気楽に楽しんで読み進められる本です。時には行ったり来たりしながら、細かいところは気にせずどんどん先に進むのが良いでしょう。マンガや小説、映画、SFも縦横に引用し、たいへんユニークな本に仕上がっています。また歴史を踏まえた記述も多く、どのような経緯で深層学習技術が成熟していくに至ったか、が詳細に書かれています。こういった記述はなかなか通常の技術的教科書にはない美点となっています。

本書は深層学習技術を始めとする機械学習についての一般的な読み物です。物理学や数学、他の科学では素晴らしい一般書が伝統的に多数ありますが、機械学習ではなかなか良い一般書が少ない。本書はそんな需要に応える本であり、機械学習の広範な分野のさまざまな風景のスケッチを見せてくれます。最初に読む一冊、またはある程度、知識が貯まったあとで、自分の知識をまとめ上げるために読む本でもあります。

本書の目指すところは数学的な正確さをもって原理を理解するところではなく、広範な深層学習技術に対する直感を形成するところにあります。本書が読者として想定するのは「深層学習技術についてしっかりとしたイメージを持つ」ことを目標とする人です。著者はたくみな比喩表現を用いて、論理と数学とコンピュータの森である深層学習技術のイメージを持たせようとします。数式を用いないとは言いながらも、数学的処理やプログラムのプロセスを示しながら解説していきます。

作者のロナルド・T・クナイスル氏はこれまで複数の著作を持つ気鋭のエンジニアで、機械学習の圧倒的な性能に魅入られて機械学習の世界に入ったと言います。そして、おそらくとても親切なエンジニアです。勢いのあるエンジニアには良くあることで小々言葉使いに大げさなところがあるものの、とにかくあの手この手で、いろいろな角度から丁寧にわからせようとする情熱が半端ではない。私のイメージでは、とにかく世話好きな登山ガイド。引っ掛かりそうなところは迂回路を用意して手を取ってガイドしてくれます。

また作者はとても良く勉強しています。多数ではないが、ピンポイントで重要な論文への引用があります。日本の教科書では見過ごされがちな歴史的文献で、余裕のある方はインターネット上にあるので読まれると良いでしょう。私もたいへん重宝しています。またクナイスル氏はBASIC、アセンブリ言語からPythonまでを使いこなす、かなり広範でしっかりとした基礎を持つプログラマーです。ベテランのエンジニアの方も納得の解説になっていることでしょう。

本書は決して体系だった本ではありません。機械学習という壮大な山の最初のハイキングコースを案内してくれます。そして、ところどころ足を休めて、どんな風景が見えるかを教えてくれます。ぜひ、このハイキングを楽しんで頂ければ幸いです。

監訳者　三宅陽一郎

CONTENTS

第1章

さあ出発：AIとは何か

人工知能は、人間から見てこのマシン（一般的にはコンピューター）には知能があるぞと思えるふるまいをするようにマシンを操作しようとすることです。**人工知能（Artificial Intelligence, AI）**という言葉は、傑出したコンピューター科学者のジョン・マッカーシー（1927-2011）が1950年代に生み出したものです。

この章では、**人工知能（AI）**とは何かをはっきりさせるとともに、みなさんがここ数年きっと耳にしたことのある**機械学習（Machine Learning, ML）**、**深層学習（ディープラーニング, Deep Learning, DL）**という2つの用語とAIの関係を説明します。まずは機械学習の実例のなかに飛び込んでみましょう。この章はAI全体の概要を説明するところだと考えてください。あとの章は、ここで登場した概念を基礎として組み立てていきます。ここで登場した概念を見直す部分もあります。

＊＊＊＊

コンピューターは**プログラム**と呼ばれる一連の指示、命令を与えると、決められた仕事をするように作られています。コンピューターを動かすためのレシピを**アルゴリズム**と言いますが、そのアルゴリズムを形にしたものがプログラムです。

アルゴリズムという言葉は最近よく耳にするようになりましたが、決して新しい言葉ではありません。9世紀ペルシャの数学者、ムハンマド・イブン・ムーサー・アル・フワーリズミー[*1-1]の名前がもとになっています。**アル＝フワーリズミー**が世界にもたらした最大の贈り物は、私たちが「**代数**」と呼んでいる数学の分野です。

＊＊＊＊

ここでちょっとたとえ話をしましょう。

トーニャはホットソースの会社を作って成功させています。ホットソースのレシピはトーニャが考えたもので、彼女はレシピを大事に守っています。それはいわゆる秘伝のソースで、トーニャだけが作り方を知っています。

トーニャは、ホットソース製造工程のステップごとに1人の作業員を雇っています。作業員はもちろん人間ですが、トーニャはホットソースのレシピを盗まれては大変だと考えており、また少々暴君なので、彼らをまるで機械のように扱っています。実際には、作業員たちはけっこういい給料をもらっているのでそんなことは気にしておらず、陰でトーニャのことをバカにしています。

トーニャのレシピはアルゴリズムです。ホットソースを作るために従わなければならない一連の手順を示しています。ホットソースを作るためにトーニャが作業員に与えている指示を集めたものがプログラムです。プログラムは、作業員（機械）たちが手順通りに指示に従えばアルゴリズムが具体化されるようにしています。トーニャはホットソースを作るためのアルゴリズムを具体化するために作業員たちをプログラムしたのです。流れは次のようになっています。

＊ 訳注1-1：「アル＝フワーリズミー（al-Khwarizmi）」のラテン語表記「Algoritmi」が語源となっています

トーニャのレシピ（アルゴリズム） → トーニャの指示（プログラム） → 作業員（機械）

このシナリオには注意すべきポイントがいくつかあります。第1に、人間を機械のように扱っているトーニャは間違いなく最低な人間だということです。第2に、ホットソースの製造工程のなかには、なぜその作業をしているのかを作業員が理解していなければならない部分が一切ないことです。第3に、機械（作業員）はなぜその作業をしているかを知らなくても、プログラマー（トーニャ）は一つひとつの作業の理由を知っていることです。

＊＊＊＊

今説明したことは、私たちがコンピューターをどのように扱っているかを表しています。それは、1930年代にアラン・チューリングが考えた最初の構想におけるコンピューターやもっと前にさかのぼって19世紀にチャールズ・バベッジが作った解析機関も含めてほぼすべてのコンピューターに当てはまります。人間はアルゴリズムを考え、そのアルゴリズムを一連のステップ（プログラム）に翻訳します。機械はプログラムを実行し、実行することを通じてアルゴリズムを具体化します。機械は自分が何をしているかを理解していません。単純に一連の初歩的な命令（プリミティブ）を実行しているだけです。

プログラムを介して任意のアルゴリズムを実行できる汎用機械を実現できるという考えを生み出したのは、バベッジやチューリングといった天才たちですが、世界で最初のプログラマーとして名前が挙がることが多いのは、バベッジの友人のエイダ・ラブレスです。私たちが今コンピューターと呼んでいるものの広大な可能性を最初に理解した人物はラブレスだと言えるでしょう。チューリング、バベッジ、ラブレスについては2章でもっと詳しく取り上げます。

MEMO

> ラブレスの時代には、「コンピューター」は機械ではなく手計算をする人間のことでした。そのため、バベッジの解析機関はコンピューターを機械化したものだったわけです

ではここで、**人工知能**（AI）、**機械学習**（ML）、**深層学習**（DL）の関係を少し掘り下げておきましょう。一方では、これら3つは現代のAIとして同義語のように扱われています。間違っていますが、そうしておけば便利ではあります。しかし、3つの用語には正しい関係があり、それは図1-1に示す通りです。

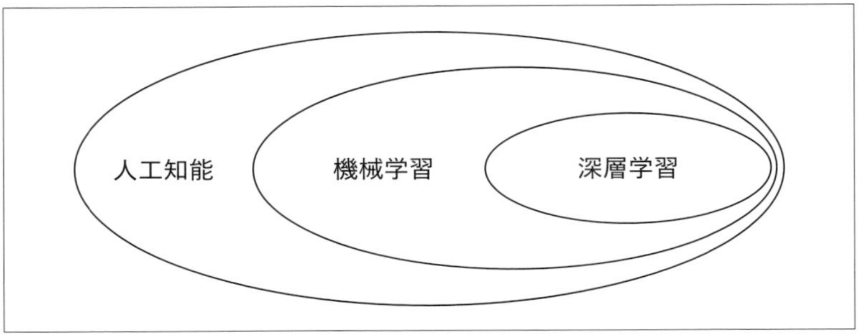

図1-1　人工知能、機械学習、深層学習の正しい関係

深層学習は機械学習の下位分野であり、機械学習は人工知能の下位分野なのです。そのため、AIのなかには機械学習でも深層学習でもない部分が含まれているということになります。その部分を「**昔のAI**」と呼ぶことにしましょう。これには1950年代以降に開発されたアルゴリズムやアプローチが含まれます。昔のAIは、今人々がAIを話題にするときに考えているものとは異なります。話を先に進めていくと、AIの世界のこの部分については完全に無視することになります（それでは不公平ですが）。

機械学習はデータから**モデル**を組み立てます。私たちにとって、モデルとは、インプット（入力）を受け付けて何らかの関連性があるアウトプット（出力）を生成するものという抽象的な概念です。機械学習の目標は、**既知**のデータを使ってモデルを調整し、**未知**のデータが与えられてもそのモデルが意味のあるアウトプットを返せるようにすることです。泥水のように濁ったわかりにくい説明で恐縮ですが、しばらく我慢してください。時間がたてば泥は沈殿して澄んだ水になります。

深層学習は、以前なら大きすぎて使い物にならなかったような巨大モデルを使います。これもまたわかりにくい話ですが、深層学習とは何層もの**ニューラルネットワーク**を重ねたものだという以上に厳密な定義はありません。4章に進めばはっきりした話になります。

本書では、かなり大雑把ですが、専門家を含めて一般的に使われている用語法に従い、「深層学習」とは大規模なニューラルネットワーク（ニューラルネットワークという用語の正式な定義はまだ示していませんが）、「機械学習」とはデータによって調整されたモデル、「人工知能」とは機械学習、深層学習を含む広い意味の言葉で本書で取り上げないものも含むものだということにしておきましょう。

AIではデータがすべてです。このことはいくら強調しても足りないほどです。モデルはまっさらな板であり、モデルをタスクに適したものにするためにはデータで表面を調整しなければなりません。データがまずければ、モデルもまずいものになります。本書全体を通じて、「よい」データと「まずい」データの概念は繰り返し登場します。

さしあたり今は、モデルとは何か、調整によってどのように役立つものになるか、調整後にどのようにして使うかに注意を集中させましょう。今までに説明してきた調整して利用するという話は、完全なデタラメではなくても何やら不吉で嫌な感じが漂ってくる話かもしれませんが、決してそのようなことはありません。モデル自身に語ってもらう方法もありますが、そこは私が保証します。

＊＊＊＊

機械学習モデルは、通常は数値のコレクションという形のインプットを受け付け、アウトプットを生成するブラックボックスです。アウトプットは、「犬」か「猫」かというようなラベルか、「犬」である確率、モデルが示す特徴（広さ、バスルームの数、郵便番号など）を持つ家の価格のような連続値です*1-2。

モデルは**パラメーター**を持ち、それがモデルのアウトプットを左右します。モデルのパラメーターの調整は**訓練**と呼ばれ、与えられたインプットから正しいアウトプットを返せるようにモデルのパラメーターを設定します。

訓練のためには、インプットのコレクションとインプットを与えられたときにモデルが生成すべきアウトプットが必要です。初めて聞いたときには、これは何やらばかばかしい話のように聞こえるかもしれません。もう知っているアウトプットをモデルに教えてもらわなければならない理由は何なのでしょうか。それは、将来のいつかの時点で、アウトプットが何かがわからないインプットを与えられるからです。モデルの存在意義はここにあります。未知のインプットを与えたら、信頼できるアウトプットを返してくれるようにするということです。

訓練は、既知のインプットとアウトプットのコレクションを使って判断ミスを最小に抑えられるようにモデルのパラメーターを調整します。そういうことができるなら、新しい未知のインプットを与えられたときのモデルのアウトプットを信用できるようになります。

モデルの訓練は、プログラミングとは根本的に異なります。プログラミングは、コンピューターに一つひとつの手順を指示してアルゴリズムを実現します。訓練は、モデルがデータの学習に基づき、パラメーターを調整して正しいアウトプットを生み出せるようにします。訓練にはプログラミングの要素はありませんが、それはほとんどの場合、私たちもアルゴリズムがどうあるべきかがわかっていないからです。私たちは、インプットと望ましいアウトプットの間に何らかの関係があることを知っているか、関係があるはずだと信じているかでしかありません。そして、モデルが使いものになる程度にその関係を十分うまく見積もってくれることを期待しているのです。

* 訳注1-2：ラベル、確率を返すものを分類モデル、価格、面積などの数値を返すものを回帰モデルと言いますが、本書では回帰モデルはほとんど取り上げられていません

イギリスの統計学者、ジョージ・ボックスの「すべてのモデルは間違っているが、役に立つものもある」という格言は覚えておくべきでしょう。当時、ボックスの頭のなかにあったのはこれとは別のタイプの数学的モデルのことでしたが、機械学習にもこの格言は当てはまります。

これでこの分野が機械学習と呼ばれる理由がわかっていただけたと思います。私たちはデータを与えて機械（モデル）に学習してもらうのです。機械をプログラムするわけではありません。学習してもらうのです。

そのため、機械学習のアルゴリズムは次のようになります。

1. モデルに与えるインプットとモデルにインプットから生成してもらいたいアウトプットを集めた訓練用の**データセット**を集める。
2. 訓練したいモデルのタイプを選ぶ。
3. 訓練用インプットをモデルに与え、アウトプットが間違っているときにモデルのパラメーターを調整してモデルを訓練する。
4. モデルの性能に満足できるようになるまでステップ3を繰り返す。
5. 訓練済みのモデルに新しい未知のインプットを与え、アウトプットを生成させる。

ほとんどの機械学習はこのアルゴリズムに従います。既知の**ラベル付き**（つまり正解付き）データを使ってモデルを訓練するため、このアプローチを**教師あり学習**と呼びます。正しいアウトプットを生成する学習をしている間は、モデルを指示、監督するのです。言い換えれば、正しく答えられるようになるまでモデルに罰を与えるのです。結局のところ、これは邪悪な感じがする企てです。

これで具体例を見る準備は整いましたが、その前に今までの話を簡単にまとめておきましょう。私たちは、未知のインプットに対してもまともなアウトプットを返せるシステムを求めています。そのようなシステムを作るために、インプットと対応する既知のアウトプットを集めたものを使って機械学習モデルを訓練します。訓練中、モデルは訓練データに対して犯す誤りを最小限に抑えるようにパラメーターを書き換え、自分自身を調整していきます。モデルの性能が満足できるレベルに達したら、未知のインプットを与えてモデルを使います。それは、モデルが正しいアウトプットを返してくれるだろう（少なくとも、ほとんどの場合は）と思っているからです。

この本で最初の例は、アイリス（あやめ）の花の各部の計測値を集めた有名なデータセットを使うものです。このデータセットは1930年代から知られているものであり、現在機械学習と呼ばれているものについて人々がどれだけ長い間考えてきたかがここからもうかがわれます。

目標は、計測値のコレクションをインプットとして与えると、アウトプットとしてアイリスの花の品種を出力するモデルを作ることです。完全なデータセットには、3種類のアイリスの4種類の計測値が含まれていますが、話を簡単にするために2つの品種と2つの計測値だけを使うことにしましょう。「セトサ」と「バーシカラー」の花弁の長さと太さ（単位cm）です。そのため、私たちのモデルはインプットとして2つの計測値を受け付け、アウトプットとして「セトサ」か「バーシカラー」と解釈できる値を返します。このようにアウトプットが2つの値のうちのどちらかを決める**2クラス分類モデル（二項分類モデル）**は、AIでは非常によく使われています。それに対し、3つ以上のカテゴリーから1つを選ぶモデルは**多クラス分類モデル（多項分類モデル）**と呼ばれます。

私たちのデータセットには100個のサンプルが含まれています。計測値のペアと対応する品種タイプのデータが100個あるということです。「セトサ」をクラス0、「バーシカラー」をクラス1と呼びます。**クラスラベル**はインプットの分類（カテゴリー）を示します。

モデルはクラスのラベルとして数値をよく使いますが、それはモデルがインプットとアウトプットの意味を知らないということです。モデルはインプットとアウトプットの関連を明らかにするだけです。「考える」という言葉の一般的な意味からすれば、モデルは考えません（7章のモデルは少し異なりますが、そのことについては7章で説明します）。

＊＊＊＊

ここでモデルの話を中断して重要な用語を導入しなければなりませ

ん。みなさんからすれば読みたくない話だということはわかっていますが、この話はこのあとすべてで必要不可欠になるのです。人工知能では、ベクトルと行列を非常に多用します。**ベクトル**は数値を並べたもののことで、それを1つのデータとして扱います。たとえば、アイリスの花の4つの計測値をインプットとして使うということは、(4.5, 2.3, 1.3, 0.3)のような4個の数値の連なりで1つの花を表すということです。このベクトルが表している花は、がく片の長さが4.5cm、太さが2.3cm、花弁の長さが1.3cm、太さが0.3cmということです。これらの計測値を1つのグループにまとめると、それを1つのデータとして扱えるようになります。

ベクトルの要素数を次元と言います。たとえば、アイリスデータセットは花の4種類の計測値から得た4次元ベクトルを使います。AIは、数百、数千次元ものインプットを扱うことがよくあります。インプットが画像の場合、その画像のすべてのピクセルが1つの次元となります。28ピクセル四方の画像なら、入力ベクトルは28 × 28、すなわち784次元になります。しかし、3次元でも33,000次元でも、概念としては同じです。1個のデータとして扱われる1個の数値の連なりであることに変わりはありません。しかし、画像には縦横があるので、数値の連なりではなく、数値の2次元の連なりにすることができます。数値の2次元の連なりが**行列**です。機械学習では、データセットを行列で表現することがよくあります。行は個々のアイリスの花のようなデータセットの要素を表すベクトル、列は計測値を表すベクトルです。たとえば、アイリスデータセットの最初の5つの花は、次のような行列で表せます。

$$\begin{bmatrix} 4.5 & 2.3 & 1.3 & 0.3 \\ 5.6 & 2.9 & 3.6 & 1.3 \\ 5.7 & 4.4 & 1.5 & 0.4 \\ 6.7 & 3.1 & 4.4 & 1.4 \\ 4.6 & 3.1 & 1.5 & 0.2 \end{bmatrix}$$

各行は1つの花を表します。最初の行が先ほどのベクトルの例と一致していることに注意してください。2行目以降はほかの花の計測値を表しています。

本書を読み進めるときには、次のことを常に頭のどこかに置いておくようにしてください。

- ベクトルは数値の連なりで、データセットの計測値を表すことが多い。
- 行列は2次元の連なりで、データセットそのもの（ベクトルの山）を表すことが多い。

AIの探究を続けていくと、ベクトルと行列の違いが重要な意味を持つようになります。では、本来の話に戻りましょう。

****

モデルのインプットは、モデルの**特徴量**です。私たちのアイリスのデータセットには花弁の長さと太さの2つの特徴量があり、それらは**特徴量ベクトル**（または**サンプル**）にまとめられます。1個の特徴量ベクトルがモデルのインプットになります。2クラス分類モデルのアウトプットは、多くの場合、モデルから見てインプットがクラス1である確率がどれぐらいかを表す数値になります。私たちの例では、モデルに2個の特徴量から構成される1個の特徴量ベクトルを与えると、インプットが「バーシカラー」種だと言えるかどうかを判断できる値がアウトプットとして返されます。ここでは、インプットは「セトサ」か「バーシカラー」のどちらかだという**前提**になっているので、「バーシカラー」種だと言えなければ、インプットは「セトサ」種だということになります。

モデルの**テスト**は、機械学習のエチケットになっています。テストせずにどうすればモデルが正しく機能していると言えるでしょうか。訓練データで全問正解すれば正しく機能していると思うかもしれませんが、必ずしもそうではないということが経験から明らかになっています。モデルの正しいテスト方法は、ラベル付きの訓練データの一部を訓練後のテスト用に取っておくことです。このように訓練で使っていないデータに対してモデルがどの程度の性能を発揮するかの方が、モデルの学習度をよく示してくれます。そこで、ラベル付きサンプルのうち80個を訓練用、20個をテスト用とします。このとき、訓練セット、テストセットの両方に2つのクラス（アイリスの品種）がほぼ同じ割合で含まれるようにすることが大切です。これも可能な限り守らなければならない実践上の鉄則です。特定のクラスの例を見せずに、もう一方のクラスとの見分け方を学習することがどうしてできるでしょうか。

モデルの性能を判断するために取り分けておいたテストセットを使うのは、単なるエチケットでは済みません。**汎化**という機械学習の重要な問題への対処方法になっているのです。機械学習モデルのなかには、**最適化**という広く使われているアプローチと似たプロセスに従うものがあります。科学者や技術者は最適化によって計測したデータを既知の関数に適合させます。機械学習モデルも最適化を使ってパラメーターを調整しますが、目標が異なります。直線などの関数にデータを適合させるのは、最高の適合、つまり計測データをもっともよく説明する直線を探すということです。しかし、機械学習では、訓練データの一般的な特徴を学習して新しいデータにも汎化できるモデルを作ることを目指します。別に取り分けておいたテストセットでモデルを評価するのはそのためです。テストセットには、モデルのパラメーター変更のために使っていないモデルにとっては未知の新しいデータが含まれています。テストセットに対するモデルの性能は、モデルの汎化能力の手がかりになるのです。

私たちの例には2つの入力特徴量があるので、特徴量ベクトルは2次元です。2次元なので、訓練データセットをグラフに表すことができます（特徴量ベクトルが2、3次元なら、特徴量ベクトルをグラフにすることができます。しかし、ほとんどの特徴量ベクトルは数百、数千の特徴量を持っています。私にはあなたのことはわかりませんが、私は千次元空間を可視化できません）。

図1-2は、アイリスの2次元訓練データをグラフにしたものです。x軸は花弁の長さ、y軸は花弁の太さを表しています。丸は「セトサ」種、四角形は「バーシカラー」種の計測値に対応しています。つまり、個々

の丸や四角は個々の訓練サンプル、ひとつの花の花弁の長さと太さを表しています。このグラフを描くには、個々の花の花弁の長さと等しいx軸上の点を右手の指で押さえ、花弁の太さと等しいy軸上の点を左手の指で押さえて、右手の指を上へ、左手の指を右へ動かし、両方の指がぶつかったところがその花を表している点なので、そこに「セトサ」種なら丸、「バーシカラー」種なら四角を描きます。

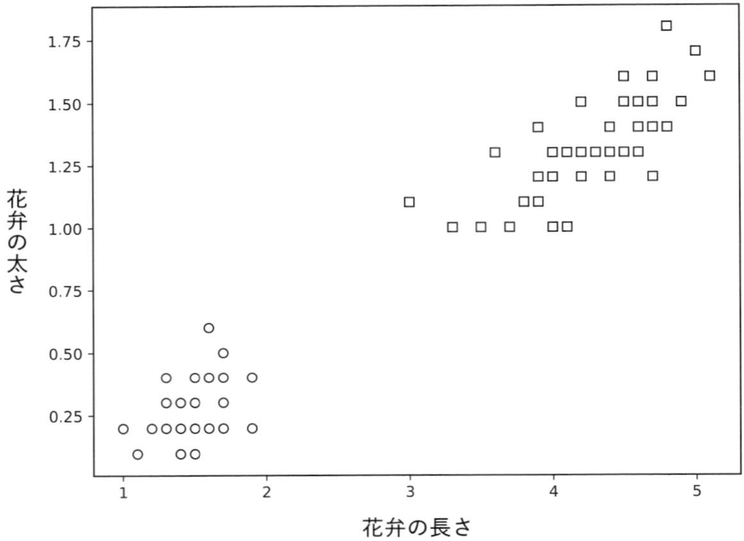

図1-2　アイリスデータセットの訓練データの分布

図1-2のグラフは、訓練セットの**特徴量空間**を示しています。この例では特徴量が2つしかないので、訓練セットをこのように直接可視化できます。そうでない場合でも、諦める必要はありません。もっと高次元の空間におけるサンプルの分布を2、3次元空間の点で表す図1-2のようなグラフを描ける高度なアルゴリズムが考え出されています。この**空間**という言葉は、日常語の空間とほぼ同じ意味です。

図1-2を注意してよく見てみましょう。ぱっと感じることは何でしょうか。2つのクラスはごちゃごちゃに混ざっているでしょうか、それと

もきれいに分かれているでしょうか。丸はどれもグラフの左下にまとまっており、四角はどれも右上にまとまっています。2つのクラスの間に重なり合う部分はありません。これは、特徴量空間のなかで2つのクラスが完全に分かれているということです。

アイリスを品種ごとに分類する**分類器**を作るためにこの事実はどのように利用できるでしょうか（**モデル**はもっと意味の広い言葉なので、すべてのモデルがインプットを分類するわけではありません。インプットを分類するモデルを**分類器**と呼びます）。

分類のために使えるモデルのタイプはたくさんありますがそのなかに**決定木**があります。決定木は、特徴量に関係があって答えがイエスかノーに分かれる質問を生み出し、それを使って与えられたインプットに対するクラスラベルを判断してアウトプットとします。質問を図にすると、上下がひっくり返った木のような形になります。決定木は、コンピューターが生成する**20の質問ゲーム**のようなものだと考えることができるでしょう。

私たちが持っている特徴量は花弁の長さと太さの2つですが、「花弁の長さは2.5cmよりも短いですか」という1個の質問をするだけで新しいアイリスの花は分類できます。答えが「はい」ならクラス0の「セトサ」、「いいえ」ならクラス1の「バーシカラー」を返せばよいのです。訓練データを正しく分類するためには、この単純な質問に対する答えがあれば十分です。

今私が言ったことのポイントをしっかりキャッチしていただけたでしょうか。私はその質問ですべての**訓練**データを正しく分類できると言いました。では、訓練に使っていない20個の**テスト**データはどうなのでしょうか。すべてのテストデータに正しいラベルを与えるために、私たちの1個の質問しかしない分類器は十分と言えるのでしょうか。実際、私たちが知りたいのはそれであり、それこそが分類器の性能として話題にすべきことです。

図1-3は、先ほどの訓練データに加え、質問が1個の分類器を作るときに使わなかったテストデータを示したものです。黒く塗りつぶされた丸や四角はテストデータを表しています。

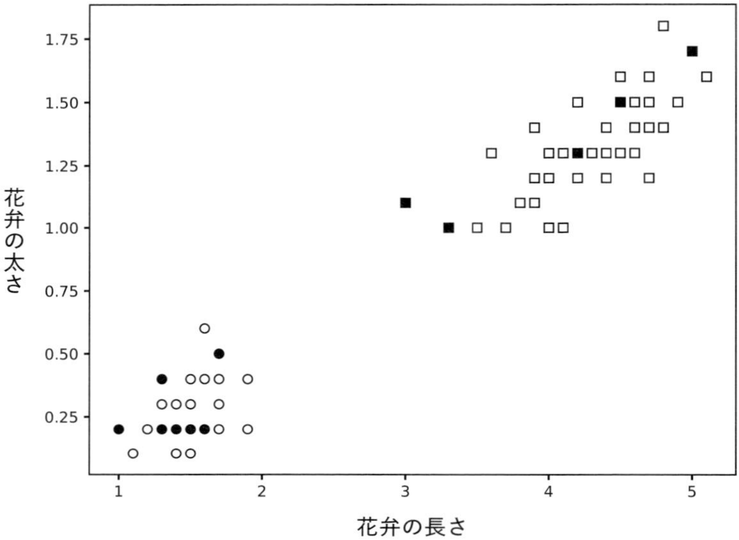

図1-3　アイリスデータセットの訓練データと訓練に使っていないテストデータ（塗りつぶされた点）の分布

テストデータのなかに私たちのルールに違反するものはありません。花弁の長さが2.5cm未満かどうかを尋ねれば、正しいクラスラベルが得られます。私たちのモデルは完璧で、ミスは0です。やりましたね。あなたは自分にとって第1号の機械学習モデルを完成させたのです。

これは喜ぶべきことですが、喜びすぎてはいけません。「セトサ」種ではなく、もう1つのアイリスの品種、「バージニカ」種を使って今と同じことをしてみましょう。グラフは図1-4のようなものになります。今度は三角が「バージニカ」種を表しています。

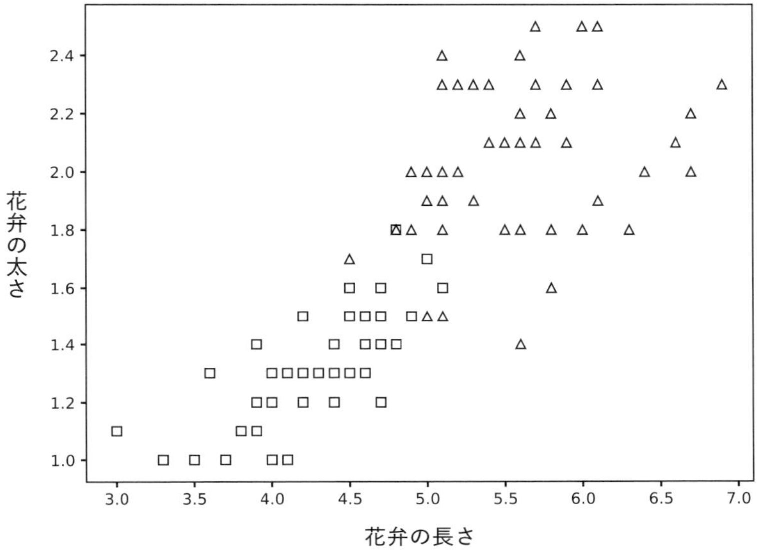

図1-4　アイリスデータセットの新しい訓練データ

話は先ほどのように単純ではありません。2つのクラスではっきり差が生まれるわけではなく、重なり合っている部分があります。

この新しいアイリスデータセットで決定木を訓練してみましょう。先ほどと同じように、訓練用に80個のサンプルを使い、テスト用に20個のサンプルを残します。今回作ったモデルは完璧ではありません。正しいラベルを与えられたのは、20個のサンプルのうち18個でした。正解率は10個について9個、90%です。大雑把に言えば、このモデルを使ってアイリスの花を分類すると90%の確率で正しい結果が得られるということですが、厳密に言えば、モデルの性能についてはもっと慎重な判断が必要とされます。いずれにしても、ここでは大切なことを学びました。機械学習モデルはいつも完璧になるとは限らないということです。機械学習モデルは誤りを犯します（それもかなり頻繁に）。

図1-5は、学習した決定木を示しています。一番上がルート（根）でありそこからスタートしてボックス内の質問に答えます。答えが「はい」なら左下のボックス、「いいえ」なら右下のボックスに進みます。リーフ（葉、すなわち矢印のないボックス）にたどり着くまで質問に答えて左下か右下に移動していきましょう。インプットには、リーフのラベルが与えられます。

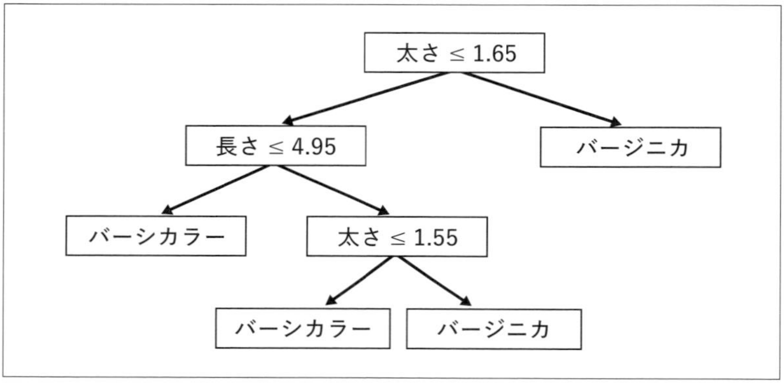

図1-5　「バージニカ」か「バーシカラー」かを見分ける決定木

最初の決定木分類器は単純で、1つの質問に対する答えだけで所属クラスを判断できましたが、第2の決定木分類器のようなものの方が普通です。ほとんどの機械学習モデルはそんなに単純なものではありません。機械学習モデルがどのような処理をするのかは理解できますが、そのように動作する理由はそう簡単にはわかりません。決定木は自ら動作の理由を教えてくれるタイプのモデルで、モデルとしては珍しいタイプです。どのようなインプットであれ、図1-5のルートからリーフまでをたどっていけば、なぜそのラベルが与えられるのかは詳しくわかります。それに対し、現代のAIを支えるニューラルネットワークの内部がどうなっているのかはそう簡単にはわかりません。

＊＊＊＊

「野生の世界で」(つまり、モデルを本番稼働したときに)高い性能を出すためには、モデルの訓練用データが実際にモデルに与えられるインプットのタイプを網羅していなければなりません。たとえば、犬の画像を見分けるモデルを作りたいのに、訓練セットには犬の画像とオウムの画像しかなかったとします。同じく犬の画像とオウムの画像しかないテストセットでモデルが高い性能を示したとしても、モデルを正式に稼働したときにオオカミの画像を与えたらどうなるでしょうか。直観的に考えれば、まだオオカミとは何かを知らない幼児のように、モデルは「犬の画像だ」と答えると思うのではないでしょうか。ほとんどの機械学習モデルが行っているのはまさにそういうことです。

このことを明らかにするために、ちょっとした実験をしてみましょう。すべてのAI研究者が使っている有名なデータセットのひとつとして、0から9までの手書きの数字の画像を数万個も集めたものがあります。このデータセットには、MNIST(Modified NIST)というあまりピンとこない名前がつけられていますが、それはアメリカの国立標準技術研究所(National Institute of Standards and Technology, NIST)が1990年代末に作ったデータセットがもとになっているからです。NISTは商工業分野のほぼあらゆるものについての標準を定めることを職掌とするアメリカ商務省傘下の研究所です。

図1-6は、MNISTの典型的な画像を示しています。ここでの私たちの目標は、0、1、3、9を表す数字の見分け方を学習したニューラルネットワークを作ることです。誰でも使えるscikit-learnのようなオープンソースのツールキットがあるので、ニューラルネットワークの仕組みを知らなくてもニューラルネットワークを訓練することはできます*1-3。これはAIの普及ということでは意味のあることですが、よく知らないということは往々にして危険を招くことでもあります。モデルというものは、実際には欠陥があってもよいもののように見えることがあります。モデルの仕組みがわかっていなければ、手遅れになる前にモデルの欠陥に気づけない場合があります。

* 訳注1-3：scikit-learnはニューラルネットワークもサポートしていますが、どちらかというと本書で「古典的」と呼んでいるタイプの機械学習で使われているフレームワークです。ニューラルネットワークのプログラミングでは、PyTorchやTensorFlow-Kerasなどのニューラルネットワーク専用のフレームワークが広く使われています。

図1-6　MNISTの数字の例

分類器を訓練してからAIが訓練中に見ていない4と7の画像を与えるという反則技をかけてみましょう。モデルはそのようなインプットをどのように扱うでしょうか。私が数字認識モデルを訓練するために使ったのはオープンソースのツールキットです。さしあたり、データセットについては、入力特徴量ベクトルが1つのベクトルに解体された数字の画像だということだけ覚えておいてください。ピクセルの第1行のデータの後ろに第2行、その後ろに第3行が続き、画像全体が1個の長いベクトル、数値の列になります。数字の画像は28×28ピクセルなので、特徴量ベクトルは784個の数値から構成されます。

ニューラルネットワークには、アイリスのときのような単純な2次元空間ではなく、784次元空間内のデータについて学習させることになりますが、機械学習はこのような難問にも立ち向かうことができます。

ニューラルネットワークを調整するために使った訓練セットには、24,745サンプルが含まれていたので、0、1、3、9の個々の数字について約6,000個ずつのサンプルがあったということになります。これだけあれば、稼働させたモデルが相手にする数字画像はほぼ網羅されているでしょうが、本当にそうかどうかは試してみる必要があります。AIは大部分が経験科学です。

取り分けておいたテストセットにも、0、1、3、9の画像が含まれており、サンプル数は4,134個です（個々の数字について約1,000個）。

モデルの評価では、**混同行列**と呼ばれる2次元の数字の表を使います。混同行列はモデルがテストデータに対してどのようにふるまうかを示してくれるので、モデルの評価方法としてもっとも広く使われています。

私たちの数字画像分類器の混同行列は表1-1に示すようなものです。

表1-1　数字分類器の混同行列

	0	1	3	9
0	978	0	1	1
1	2	1,128	3	2
3	5	0	997	8
9	5	1	8	995

混同行列の各行はサンプルの本当のラベルで、各列はモデルが判定した数字です。各要素は、インプットのクラスとモデルが判定したラベルの組み合わせの個数を示しています。

たとえば、第1行はテストセットに含まれる0の画像の分類結果を表しています。980個のインプットのうち、モデルが0というラベルを返したものが978個ありますが、3というラベルを返したものと9というラベルを返したものが1個ずつあります。そのため、インプットが0のときのモデルのアウトプットは980個中978個が正解だったことになります。これは希望を持てそうな感じです。

同様に、インプットが1のときにはモデルは1,128回正しいラベルを返しています。3のときは997回、9のときは995回です。分類器の性能が高ければ、混同行列の左上から右下に向かう対角線上の数値は高くなり、それ以外の場所の数値は0に近くなります。対角線から外れている数値は、モデルが犯した誤りを表しています。

全体として、この数値モデルの正解率は99%です。私たちは性能の高い優秀なモデルを手にしています。もっとも、それはモデルに対するインプットが本当に0、1、3、9ならということです。インプットがそれ以外のものならどうなるでしょうか。

このモデルに982個の4の画像を与えてみます。モデルの返答は次の通りでした。

0	1	3	9
48	9	8	917

つまり、モデルは982個の4の画像のうち、917個については9というラベルを返しました。48個については0、その他は1とか3です。7の画像ではどうでしょうか。

0	1	3	9
19	20	227	762

このモデルは7も9だと呼びたくなるようですが、3と呼ぶこともかなりあります。ニューラルネットワークは動作を説明させようとしても秘密の判断基準をなかなか見せてくれませんが、この場合は、3というラベルが付けられた227個の7のうち、47個は真ん中に横棒が書き加えられたヨーロッパスタイルの7でした。データセット全体から227個の画像を無作為に抽出したところ、ヨーロッパスタイルの7は24個しか含まれていませんでした。この比較は数学的に厳密なものではありませんが、ヨーロッパスタイルの7はモデルをだませる程度に3に近いことが多いようです。

このモデルは4や7を認識できるように訓練されていないので、次善の策としてもっとも近く見えるものにそれらを分類しているわけです。書き方によっては、人間でも4や7を9と見間違えることがあります。モデルも人間と同じような間違い方をするというのは面白いことです。しかし、もっと大切なことは、このモデルが与えられる可能性のあるすべてのインプットを使って訓練されておらず、だめなモデルだということです。モデルには「わかりません」ということを伝える方法がないのです。モデルに確かな形でそう言わせるのは難しいでしょう。

これは単純な実験ですが、深い意味を持っています。数字画像の分類ではなく、医療画像に含まれるがんを探すモデルなのに、重要なタイプの損傷を認識できるように訓練されていない場合や損傷が取り得るあらゆる形態を訓練されていない場合にはどうなるでしょうか。データセットが適切に組み立てられ、包括的になっているかどうかが患者の生死を分けるかもしれないのです。

＊＊＊＊

数字画像の例は、**内挿**（interpolation、補間とも訳されます）と**外挿**（extrapolation、補外とも訳されます）という観点から見ることもできます。内挿は既知のデータの範囲内の近似値を求めるのに対し、外挿は既知のデータの範囲外の近似値を求めます。

数字画像の例で言えば、日常生活でよく見かける斜めに傾いた0は、訓練セットにはっきりと傾いた0がない場合、内挿の例だと言えます。モデルがそういう画像に対して正しく答えるためには、内挿が必要になります。それに対し、訓練データには含まれていない横棒で貫かれた0の分類は外挿に似たものになります。しかし、もっとわかりやすい例として、1950年から2020年までの世界の人口のモデリングをしてみましょう。

まず、1950年から1970年までのデータを一番近い直線で表してみましょう。直線あてはめは曲線あてはめの一種であり、機械学習のさえないいとこのようなものです。直線あてはめのためには、傾きと切片の2つの数値を見つけなければなりません。傾きは、直線がどのぐらい急かを示します。傾きが正の場合、グラフのx軸を左から右に進むにつれてアウトプット（y座標）の値は大きくなります。傾きが負の場合は、インプットが大きくなればなるほどアウトプットは小さくなります。切片は、直線がy軸と重なり合うところです。つまり、インプットが0のときのアウトプットの値ということになります。

直線あてはめには、データ（この場合は1950年から1970年までの世界の人口）をもっともよく表す傾きと切片を見つけるアルゴリズムを使います。図1-7は、そのようにして得た直線と各年の実際の人口（+記号）を描いたグラフです。描かれている直線はほとんどの+記号の位置またはその近所を通っており、十分あてはめができていると言えるでしょう。人口の単位は10億人です。

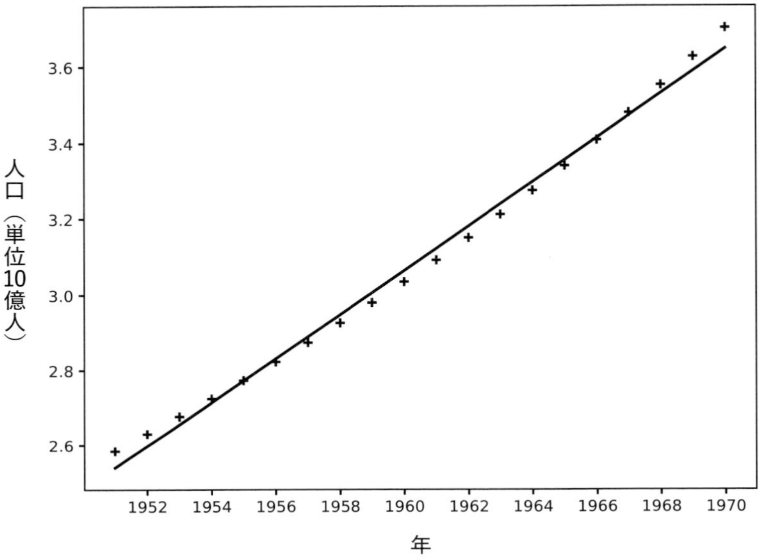

図1-7　1950年から1970年までの世界の人口の推移

このような直線が得られたら、傾きと切片を使って各年の人口を推計できます。1950年から1970年までの人口の推計は、この直線を作るために使ったデータの範囲内なので内挿です。しかし、1950年よりも前、1970年よりもあとの人口を推計するのは外挿です。表1-2は、内挿の結果を示しています。

表1-2　内挿によって得た1950年から1970年までの間の年の人口

年	内挿の結果	実測値
1954	2.71	2.72
1960	3.06	3.03
1966	3.41	3.41

内挿から得られた人口の数値は実際の人口にかなり近くなっており、モデル（この場合はデータにあてはめた直線）がかなりよい出来だとい

うことです。では、外挿によってあてはめをした範囲外の年度の人口を求めてみましょう。

表1-3　外挿によって得た1970年よりもあとの年の人口

年	外挿の結果	実測値
1995	5.10	5.74
2010	5.98	6.96
2020	6.56	7.79

外挿から得られた人口と実際の人口の差は年を追うごとに大きくなっています。モデルの性能はイマイチです。1950年から2020年までのグラフを描くと問題が明らかになります。図1-8を見てください。

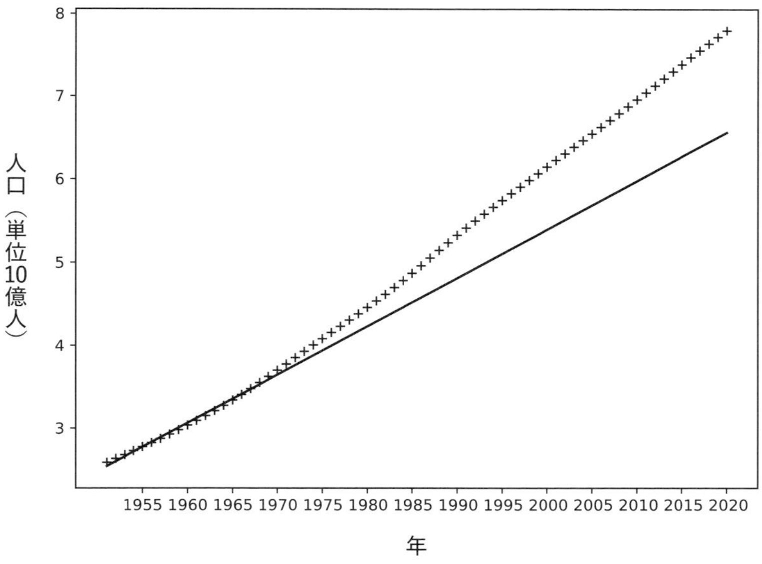

図1-8　1950年から2020年までの世界の人口の推移

年を追うごとにフィットラインの誤差は大きくなりますが、それは人口データがそもそも線形ではないからです。つまり、人口の増加率は一定ではなく、直線では描けないということです。

外挿をするときには、データがその直線に適合し続けると考えてよい理由があるのかもしれません。その理由が正当なものなら、直線はよく適合し続けます。しかし、現実世界では、普通そのような保証はありません。そのため、内挿はよいが外挿はダメだということを標語として唱えるようにしましょう。

何らかのデータに対する直線あてはめは**曲線あてはめ**の一例です。曲線あてはめで正しいことはAIにも当てはまります。手書きの数字の認識モデルは、インプットが訓練データに近ければ高い性能を示します。テストデータに含まれていた数字はすべて0、1、3、9のどれかなので、テストデータは訓練データと似ています。2つのデータセットは同じ**分布**から作られたものなので、使われたデータ生成プロセスは同じです。そのため、テストセットの分類ではモデルは内挿をしていたと言えるでしょう。しかし、このモデルに4と7の画像をむりやり認識させたときには、訓練中に見たことのないデータについてモデルに判断をさせたということで外挿をしていたと言えます。

内挿はよいが外挿はダメということは、繰り返し口にすべき言葉です。まずいデータセットからはまずいモデルしかできません。優れたデータセットは優れたモデルを生み出しますが、そのようなモデルでも、外挿を強制されればうまく動きません。そして、優れたモデルでも、「すべてのモデルは間違っているが、役に立つものもある」という言葉からは逃れられません。

****

ヒレア・ベロックが1907年に出した『子供のための教訓詩集』*[1-4]（子どもが馬鹿げたことをして残念な結末を生むところを面白おかしく、ときにぞっとするような形で描いた本）にならい、AIエンジニアがモデルを訓練、テストし、何よりもデプロイ（本番稼働）するときに意識しなければならない注意点を洗い出しておきましょう。

2016年のあるカンファレンスで、私はニューラルネットワークがな

* 訳注1-4：訳文では、2007年国書刊行会刊、横山茂雄訳の訳書タイトルを書名として使っています。原著名は『Cautionary Tales for Children』です。

ぜそのような判断をするのかを理解するための研究についての講演を聞きに行きました。これはまだ未解決の問題ですがその頃よりも研究は進んでいます。この講演では、インプット画像のどの部分がモデルの判断に影響を与えるかに注目していました。

講演者はハスキー犬とオオカミの画像を示し、自分の分類器が両者をどのようにして見分けていたかを話しました。そのモデルはテストセットでも高い成績を残したことを示し、聴衆の機械学習研究者たちにこれはよいモデルかどうかを尋ねました。多くの人々はイエスと答えましたが、何か罠がありそうだというためらいも感じられました。そう感じたのは正しかったのです。講演者はニューラルネットワークが判断を下すときに画像のどの部分に注目したかを示しました。モデルが注意を払っていたのは犬でもオオカミでもありませんでした。モデルは、訓練セットのオオカミの画像は背景にかならず雪が写っていたのに対し、犬の画像はどれも雪が写っていないということに気づいたのです。モデルは犬とオオカミについてはまったく学習せず、雪ありと雪なししか学習していませんでした。モデルのふるまいを不注意に受け入れていればこのことには気づかず、そのままモデルを本番稼働させてとんでもない失敗を犯していたことでしょう。

1950年代から1960年代の最初期の機械学習システムでも同じような話が伝わっています。こちらは作り話っぽいのですが、都市伝説の起源のようなその時代の論文を読んだことがあります。この場合、画像は森の鳥瞰図でした。一部の画像にはタンクが入っているのに対し、その他の画像にはタンクがありません。

モデルはタンクを検出するように訓練され、訓練データでは高い成績を残しましたが、本番稼働させてみると成績はひどいものでした。わかったのは訓練セットの画像には晴れた日に撮られたものと曇った日に撮られたものがあったということです。モデルは、開発者が意図したものについては何も学習していなかったのです。

最近のずっと高度になった機械学習モデルでもこのような現象は起きています。訓練データにほとんどの人が見過ごしてしまうようなごく些細な相関関係があるのを学習しただけだったのに、専門家でさえモデルが言語の基本的な性質を学習したと思い込んでしまったという例さえあります。

相関という単語には数学的に厳密な意味がありますが、この問題の本質は「相関は因果にあらず」という言葉で表せます。相関とは、2つのことがらの間に片方が発生するともう片方も発生するというつながりがあることです。多くの場合、どちらが先かという順序も決まっています。もっと具体的に言えば、相関とは、あるものの変化とべつのものの変化にどれだけ強いつながりがあるかを測ったものです。両方が増えるならそれは正の相関です。片方が増えるともう片方が減るならそれは負の相関です。

たとえば、雄鶏が鬨(とき)の声をあげると、日が昇ります。2つの事象には時間の前後があります。まず雄鶏が鳴き、次に日が昇ります。このような相関があるからといって、雄鶏の鳴き声が原因となってその結果日が昇るわけではないので因果関係はありませんが、そのような相関が頻繁に観察されれば、たとえ証拠と言えるようなものがなくても、人間は片方が原因となってもう片方が起きると考えるようになります。人間の頭脳がそのように行動する理由はわかりにくいものではありません。このような関連付けが生き残りのために役立つことがあれば、進化はこのような関連付けをする人間を選びます。

「相関は因果にあらず」はAIにも当てはまります。今までに取り上げてきたモデルは、目的のターゲット(犬、オオカミ、タンク)と相関するものを訓練データから見つけることを学習していましたが、ターゲット自体については何も学んでいません。抜け目のない機械学習エンジニアは、そのような偽の相関にいつも目を光らせています。訓練セットとテストセットとして大規模で多様性に富んだデータセットを使うのは、そのような偽の相関を防ぐためですが、実際にはいつもそのようにできるとは限りません。

私たちは、モデルが学んだはずのことを本当に学んでいるかを絶えず問わなければなりません。そしてMNISTの数字画像でも学んだように、モデルが本番稼働に移ったときに目にすることになるあらゆるタイプのインプットをモデルに見せなければなりません。モデルには外挿ではなく内挿をさせるのです。

これは最初に感じるよりもはるかに重要なことです。Googleは2015年にGoogleフォトにある機能を追加したときにこのことを学習しました。Googleフォトのモデルは人間の顔の訓練が不十分だったため、不適切で間違った結びつけをしていたのです。一般的な意味でも社会的な意味でも、バイアスはAIにとって大きな問題です。

MNISTの数字画像で別の実験をしてみましょう。今度のモデルは、インプットが9か9でないかという一見単純な判断を下すだけです。モデルは先ほど使ったのと同じニューラルネットワークです。4、7、9以外の数字の画像を含むデータセットで9かそれ以外かを訓練すると、次の混同行列が示すように、モデルは正解率99%を達成します。

	9以外	9
9以外	9,754	23
9	38	1,382

混同行列は、9,777個のテスト画像のうち9,754個に正しく9以外のラベルを与えたことを示しています。1,400個の9の画像のうち1,362個にも正しく9というラベルを与えています。モデルはテストセットでも高い性能を示しますが、そのテストセットには4と7の画像が含まれていません。

この場合、モデルが与えるクラスは9か9以外の2種類しかないので（こういうものを、2クラス分類モデルと言います）混同行列は小さくなります。

混同行列の右上の23は、インプットが9ではないのにモデルが9と答えたのが23回だということを示しています。2クラス分類モデルでは、クラス1は通常関心を持っているクラス、すなわち陽性クラスです。これら23個のインプットは、9ではないのにモデルが9だと言ったので**偽陽性**ということになります。同様に、左下の38個のサンプルは、本当は9なのにモデルが9ではないと言ったので**偽陰性**です。偽陽性や偽陰性がないモデルが望ましいということになりますが、どちらか片方を減らすことが重要な場合もあります。

たとえば、マンモグラフィから乳がんを検出するモデルの場合、偽陽性は実際はがんではないのにモデルが「がんかもしれない」と言っているということです。そんなことを言われればぞっとしますが、さらに検査を重ねればモデルが間違っていたことがわかります。しかし、偽陰性はがんを見落としたということです。この場合、偽陽性は偽陰性よりも重大な誤りではないので、偽陰性がほとんどないのなら、偽陽性が多めのモデルでも許容できます。これは、機械学習モデルを訓練、テストし、**理解**を深め、モデルのタイプの違いを学んでいくうちに重要になってきます。

****

さて、具体例の話に戻りましょう。この「9かどうか」分類器は、私たちが以前に作ったMNISTモデルと同様に、4と7の知識がまったくありません。先ほどのMNISTモデルは、4や7を見せられると高い割合で9と答えていました。このモデルもそうでしょうか。モデルに4と7の画像を与えた結果は次のようなものでした。

	9以外	9
9以外	5,014	9,103

モデルは、14,117個の4と7の画像のうち、9,103個を9だと答えました。これは65%強でだいたい2/3という割合です。これは検出するように訓練されていないタイプのインプットをモデルに与えたときの動作と似ています。

それでは、訓練セットに4と7の画像も加えてモデルを手助けしてみましょう。「9に似ているけれども違う」という例（正式にはこの種のものを**ハードネガティブ**と言います）を見せれば、モデルの性能は上がるのではないでしょうか。訓練データの3%を4と7の画像にしてみました。モデル全体の正解率は以前と同じ99%でしたが、以前は訓練時に見せていなかった4と7を与えたときの結果は次のようになりました。

	9以外	9
9以外	9,385	3,321

改善されています。以前は4と7の2/3を9だと答えていましたが、9と答えた割合は1/4に下がりました。訓練セットに含まれる4と7の画像の割合を18%に増やすと、モデルが4と7に対して犯す分類ミスは1%未満になりました。モデルはデータから学習するので、モデルが外挿ではなく内挿をするように、できる限り完全なデータセットを**使わなければなりません**。

NOTE

厳密に言えば、現代の深層学習モデルはほとんどかならず外挿をしていることが最近の研究でわかっていますが、インプットがモデルの訓練で使われたデータに似ていれば似ているほど、性能は上がります。ですから、外挿、内挿という言葉を使っていることは比喩としては正しいと言えると思います。

AIをただ使うだけではなく理解しようと思うなら、AIモデルを訓練するために使うデータの品質について今説明したことを重く受け止めなければなりません。2021年にマイケル・ロバーツらがNature Machine Intelligence誌に発表した『胸部X線写真、CTスキャン画像からのCOVID-19の予兆、感染の検知のために機械学習モデルを使うときに共通して見られる盲点及び推奨事項』[*1-5]はそのことを考えさせられる目覚ましい例です。著者らは、胸部X線写真やCTスキャン画像からCOVID-19感染を検出するために作られた機械学習モデルの性能を評価し、最初の2,000件の研究（モデル）のうち厳密な検査の対象を62件に絞っています。そして最終的には、データセットの作り方や偏りという点で欠陥があるため、実際に医療の現場で使えるものは**皆無**と結論づけています。

＊ 訳注1-5：『Common Pitfalls and Recommendations for Using Machine Learning to Detect and Prognosticate for COVID-19 Using Chest Radiographs and CT Scans』

このようなことから、モデルに自分自身についての説明能力を与えることを目指す**説明可能AI**のような下位分野が生まれています。

データを見て、自分のモデルが何を**なぜ**行っているかを人間に可能な限りで理解するように努めましょう。

****

この章のタイトル「And Away We Go(さあ出発)」はF1レースのスタートで使われる言葉ですが、コメディアンのジャッキー・グリーソンの歌のタイトルとしても知られています。自分を振った相手に「じゃあばよ」と言いつつ、お前はおれのことを忘れられないと言い捨てていく歌です。学習でも、とりあえず対象のテーマに飛び込んで概要を知ってから、あとで戻ってきてそれを深く学ぶと理解が進むことがよくあります。体系的に掘り下げていく前にぼんやりとしたイメージを描いておくということです。

この章では、巻末の用語集に入っている新しい用語や概念が多数登場しました。みなさんに今すぐそれらの用語を全部しっかり理解してもらおうとか覚えてもらおうなどとは思っていません。ただ、種をまいておけば、次にそれらの用語や概念にぶつかったときに、「ああ、それなら知ってるよ」と思う可能性が高くなります。あとの章では、そのイメージを強化していきます。繰り返し目にすることによって重要なことをしっかりと学べるということです。

この章で覚えておいていただきたいことは、次の2つのカテゴリーに分かれます。第1のカテゴリーは、AIとは何で、AIにとって必要不可欠な部品は何かに関することです。第2のカテゴリーは、AIが与えてくれるものは何で、私たちはそれにどう向き合えばよいかに関することです。

第1のカテゴリーから説明しましょう。AIにはモデルというものがあります。データで調整すると何らかの仕事をこなせるようになるという何やらぼんやりとしたイメージのものです。AIのモデルにはさまざまなタイプのものがありますが、この章では決定木とニューラルネットワークの2種類を紹介しました。これからは、決定木についてはあまり付け加えることはありませんが、ニューラルネットワークは最初から最後まで出ずっぱりになるでしょう。

モデルは関数のようなものと考えるとわかりやすくなります。学校で教わった数学の関数でも、ほとんどのコンピュータープログラムの関数でもかまいません。どちらも、何らかのもの（インプット）を入れると、何らかのもの（アウトプット）が返ってくるブラックボックスと考えられます。AIでは、インプットは特徴量ベクトル、すなわち課題の解決のために適したデータを集めたものです。この章では、花の計測データと手書きの数字の画像という2種類の特徴量ベクトルを使いました。

訓練は、モデルの判断ができる限り正確になるようにパラメーターを書き換えてモデルを調整します。ほとんどのモデルの訓練では、データの全般的な特徴を学び、本質的ではない相関や訓練セットのつまらない細部を学ぶ（**過学習**と呼ばれるもので、4章で詳しく説明します）ことがないように注意することが必要になります。

まともな機械学習モデルの開発のためには、訓練に使っていない既知のインプットとアウトプットのコレクションであるテストセットが必要です。テストセットは、訓練後のモデルを評価するために使います。正しく組み立てられたテストセットを使えば、モデルを本番稼働したときにどの程度の性能を期待できるかがわかります。

覚えておいていただきたいことの第2のカテゴリーは、AIが与えてくれるものは何で、私たちはそれにどう向き合えばよいかです。AIは強力ですが、私たちと同じようにものを考えるわけではありません（7章で取り上げるモデルは例外になるかもしれませんが）。AIの成否を決めるのはデータであり、与えるデータ以上のものにはなりません。データセットに偏りがあれば、AIも偏ります。データセットのなかに本番稼働でかならず現れるはずのタイプのインプットを入れなければ、AIはそのようなインプットを正しく処理できません。

この章で示した例は、AIが意図した通りに動作しているかどうかを評価するときには注意が必要だということを教えています。モデルは学習させようとしたことを学習したか、私たちが気づいていないか私たちの能力では気づきようのないデータ内の相関の影響を受けていないか。ハスキー犬とオオカミの例を思い出してください。

AIは与えられたデータ以上のものにはならないので、私たちは公平で偏りのないデータセットを作り、先入観なしにAIが本当は何を学習したのかを理解しなければなりません。

AIは1950年代に初めて登場したものですが、なぜ今になって急にあちこちで見かけるようになったのでしょうか。次の章は、この疑問に答えます。

キーワード

2クラス分類モデル*、アルゴリズム、外挿、過学習、偽陰性*、機械学習（ML）、偽陽性*、行列*、曲線あてはめ*、クラスラベル、訓練、決定木、混同行列、最適化*、サンプル*、人工知能（AI）、深層学習（DL）、説明可能AI、相関*、多クラス分類モデル*、データセット、テスト、特徴量、特徴量空間、特徴量ベクトル、内挿*、ニューラルネットワーク、ハードネガティブ*、パラメーター、汎化*、プログラム*、分類器、分類モデル*、ベクトル*、モデル

※単語末に「*」が付いているものは日本語翻訳版で追加したキーワードです。以降の章も同様です

第2章

なぜ今？ AIの歴史

ローワン・アトキンソン主演の傑作喜劇『ミスター・ビーン』は夜中の人気のないロンドンのストリートのシーンから始まります。スポットライトが現れ、ビーンが空から下りてきて、「エクセ・ホモ・クイ・エスト・ファーバ」（豆であるこの人を見よ）というラテン語のコーラスが入ります*2-1。ミスタービーンは立ち上がって服のほこりをはらい、暗闇のなかにぎごちなく走り去ります。文字通り空から下りてきて理解不能なわけですから、異世界の人という感じです。

近年のAIが次々に引き起こす奇跡を見ていると、AIはミスター・ビーンと同じように空から完全な形で下りてきた私たちの理解を超えた存在だと思っても不思議はありません。しかし、そのイメージはまったくの間違いです。実際、私に言わせれば、AIはまだ幼児期にあります。

では、なぜ今になってAIの話題を耳にするようになったのでしょうか。その問いに対する答えとして、AIの歴史を簡潔に説明したいと思います（偏っていますが）。そして、そのあとでAI革命の触媒となったコンピューティングの進歩についてもお話します。この章は、本書のこのあとの部分全体で探っていくモデルの数々の背景を説明すること

＊ 訳注2-1：エクセ・ホモまたはエッケ・ホモは、ローマ帝国のユダヤ総督が十字架に架けられ、天に昇る前のキリストを指して言った言葉として聖書に書かれているもので、要するに聖書のパロディです。

になります。

＊＊＊＊

AIは、生まれたときからシンボリックAIとコネクショニズムの2つの派閥に分かれていました。**シンボリックAI**は記号と論理的な命題や連関を操作して知能をモデリングしようとするのに対し、**コネクショニズム**は単純なコンポーネントをつないだネットワークを構築して知能をモデリングしようとします。人間の知性は両方のアプローチを備えています。私たちは思考や言語の要素として記号を使いますし、私たちの脳は単純なプロセッサーであるニューロンのとてつもなく複雑なネットワークから構成されています。コンピュータープログラミングの用語を使えば、シンボリックAIはトップダウンのアプローチなのに対し、コネクショニズムはボトムアップのアプローチです。トップダウンの設計は高水準の課題からスタートし、その課題を小さくて単純な部品に分解していきますが、ボトムアップの設計は小さな部品からスタートしてそれらをつなげていきます。

シンボリックAIの支持者たちは、知能は脳に似た基質がなくても抽象的に実現できると考えています。それに対し、コネクショニストたちは、脳が漸進的に発達することを引き合いに出して、複雑に相互接続しているニューロンの膨大な集積のような基礎がまず必要で、そこから知能というものが生まれると主張します。

シンボリックAIとコネクショニズムの間の論争は長く続きましたが、深層学習の登場により、この争いは（おそらく戦争ではありませんが）コネクショニズムが勝利を収めたと言って間違いないでしょう。しかし、最近は両方のアプローチを混ぜ合わせた論文がわずかながら現れてきています。私は、シンボリックAIにもただの脇役に収まってしまうわけではない名優がひとりふたり残っているのではないかと思っています。

1980年代終わりに私がAIを知ったときには、シンボリックAIがすべてでした。コネクショニズムも別のアプローチとして触れられてはいましたが、ニューラルネットワークは劣っており、ほんの少しでも役立てばよい方だと考えられていました。

私たちは人工知能の完全な歴史を紐解こうとは思っていません。そのような超大作は、能力と意欲のある歴史学者に任せることにしましょう。ここでは、シンボリックAI陣営が数十年にわたって払ってきた膨大な労力を無視して（これは非常に不公平なことですが）、機械学習の発達に重点を絞って人工知能の歴史を見ていきます。しかし、AIの歴史の大半では、コネクショニズムではなくシンボリックAIが話題になってきたことは知っておいてください。両者を公平に扱った歴史記述としては、マイケル・ウールドリッジの『人工知能小史』[*2-2]パメラ・マコーダックの自伝的な『重要になり得るもの：人工知能とともに歩んだ我が人生』[*2-3]がお薦めです。

では、コネクショニズムに偏ったアプローチだということを頭の片隅に置いた上で、機械学習の歴史を見ていきましょう。

1900年以前

知能を持つ機械を作るという夢の起源は古代まで遡ります。古代ギリシャ神話にはフェニキアの王女のエウロペを守る巨大ロボット、タロスが登場します。中世からルネサンスにかけても、生物のように見えて動く自動機関が多数作られました。しかし、それらのなかに知能と思考能力を持つものはなかったのではないかと思います。多数の強いチェスプレイヤーと対局して勝ち、世界をあっと言わせた悪名高いメカニカルターク（機械仕掛けのトルコ人）のような偽物さえありました。これは下から盤面を見ながら機械仕掛けのアームでチェスの駒を指す人がなかにいて、「自動機械」を操作していたことが最後にばれたのでした。それでも、メカニカルタークの機械的な部分は、18世紀後半としては優れたものでした。

自動機械とは別に、思考を機械的なプロセスと見なし、思考を捉えられる論理システムを作るという初期の試みも現れていました。17世紀には、ゴットフリート・ライプニッツがそのようなコンセプトを抽

＊ 訳注2-2：『A Brief History of Artificia Intelligence』（Michael Wooldridge, Flatiron Books, 2021）

＊ 訳注2-3：『This Could Be Important: My Life and Times with the Artificia Intelligentsia』（Pamela McCorduck, Lulu Press, 2019）

象的に「思想のアルファベット」と呼んでいました。1747年にジュリアン・オフレ・ド・メトリは『人間機械論』を出版し、思考は機械的な過程だと論じました。

人間の思考が霊的な魂ではなく脳の物理的な実体から生まれているという考え方は、AIが登場するまでの道のりのなかで新しい局面を切り開くものでした。私たちの脳が生物学的な機械なら、別の種類の思考機械も存在し得るはずです。

19世紀には、ジョージ・ブールが思考の計算法の作成を試み、今日ブール代数と呼ばれるものを生み出しました。コンピューターはブール代数に大きく依存しており、それはデジタル論理ゲートの集積として実現されるところまで貫かれています。ブールは部分的な成功を収めましたが、「論理的思考を繰り広げる脳の働きの基本法則を解明し、解析学の記号言語でそれを表現する」(『思考の法則』, 1854) という目標を達成することはできませんでした。しかし、ブールが試そうとしたことは、人工知能を実現するという概念に一歩近づくものでした。

これらの初期の試みで足りなかったものは、実際に計算をする機械でした。人々は人工頭脳や人造人間(メアリー・シェリーの『フランケンシュタイン』のようなもの)を夢想し、そういうものは当然存在し得ると考え、その影響を議論しました。しかし、思考をおおよそ模倣できる(実現する?)機械が現れるまでは、すべては憶断に過ぎませんでした。

19世紀半ばに実現可能な汎用計算機、解析機関を初めて考え出したのは、イギリス人のチャールズ・バベッジでした。解析機関は完全な形では構築されませんでしたが、現代のコンピューターの基本的な部品はすべて含まれており、理論的には同じ動作を実現できるものでした。バベッジが自分の機械に秘められた多様性を理解していたかどうかは不明ですが、友人のエイダ・ラブレスは間違いなく認識していました。彼女は、広範に応用できる汎用装置としての解析機関を論述しています。それでも、解析機関に思考能力があるとは考えていませんでした。それは、『解析機関の概要』(1843) からの次の引用からも明らかです。

> *解析機関には、何かを生み出すという要素はない。解析機関は、私たちがやり方を指示できるものなら何でもできる。解析機関は私たちの解析に従えるが、解析的な関係や真実を予想する力を持っていない。解析機関は、私たちがすでに知っているものの実現を助けられるだけだ。*

これは、人工知能達成の可能性を秘めた装置を対象としてその可能性に言及した初めての文章だと言えるでしょう。「やり方を指示できるものなら何でもできる」という言葉は、プログラミングのことを指しています。実際、ラブレスは解析機関のためのプログラムを書きました。そのため、彼女は最初のコンピュータープログラマーだと多くの人々に考えられています。私に言わせれば、彼女のプログラムにバグが含まれていたことこそ、彼女が最初のプログラマーだったことの証拠です。プログラミング歴40年以上の私がうんざりするほどたびたびバグを生んでしまうことを考えても、バグ以上にプログラミングを象徴するものはないと思います。

1900年から1950年

1936年になり、まだ学生だった24歳の若いイギリス人、アラン・チューリングがコンピューター科学の基礎となる論文を書きました。チューリングは、この論文のなかで普遍性を持つ概念的な機械（現在、**チューリングマシン**と呼ばれているもの）を導入し、この機械がアルゴリズムによって表現できるあらゆるものを計算できることを示しました。さらに、アルゴリズムでは実現できず、そのため計算不可能なものがあることも論じました。現代のすべてのプログラミング言語はチューリングマシンと同等なので、現代のコンピューターはあらゆるアルゴリズムを実装でき、計算可能なものを計算できます。ただし、ここでは計算にどれだけの時間がかかるか、どれだけの記憶領域が必要になるかについては言及されていません。

コンピューターがアルゴリズム化できるあらゆるものを計算できるなら、コンピューターは人間が行えるあらゆる知的活動を実行できることになります。ついに、本物の人工知能を実現できるかもしれない機械が生まれたのです。チューリングの1950年の論文、『計算する機械と知能』*2-4は、デジタルコンピューターが最終的に知能を持つ機械になる可能性を早い段階で認めた文章のひとつです。この論文で、チューリングは現在**チューリングテスト**と呼ばれている「模倣ゲーム」を論じました。これは、人間がこの機械には知能があると思うかどうかを分けるテストです*2-5。特にここ最近は、チューリングテストに合格したAIシステムだと主張するものが多数現れています。そのなかのひとつがOpenAIのChatGPTです。しかし、ChatGPTに本当に知能があると考える人はごくわずかでしょう。つまり、このテストは人々が知能という単語の意味として理解しているものを捉えきれていないのではないかと私は思っています。いずれ新しいテストが作られることになるのではないでしょうか。

1943年にウォーレン・マカロックとウォルター・ピッツは『神経活動に内在する観念の論理計算』*2-6という論文を発表しました。この論文はよくわからないけれども興味をそそられる論文タイトル賞を獲得できるのではないでしょうか。この論文は、「神経網」(ニューロンの集合体)を数学の論理命題として表現しています。論理命題は(少なくとも私にとっては)読み取りにくいものですが、著者たちが論述している「非巡回ネットワーク」は4章で取り上げるニューラルネットワークと非常によく似ています。実際、現在ニューラルネットワークとして認識されているものは、マカロックとピッツの画期的な論文が生み出したものだと言ってもよいでしょう。はっきり言って、ニューラルネットワークは神経網よりもはるかに読み取りやすく理解しやすい存在であり、それは私たちにとってありがたいことです。

知能を持つ人工機械についての夢のような物語だったものが、数学によって思考と推論を捉え切れるか否かについての本格的な議論に発展しました。それとともに、アルゴリズムによって記述できるあらゆるものを計算できるデジタルコンピューターが登場したことによって、

* 訳注2-4:『Computing Machinery and Intelligence』(Alan Turing)
* 訳注2-5:8章にGPT-4にチューリングテストについて哲学的な答えを要求したときの返答が掲載されています
* 訳注2-6:『A Logical Calculus of Ideas Immanent in Nervous Activity』(Warren McCulloch and Walter Pitts)

人工知能が正当な研究分野として登場する地盤が築かれたのです。

1950年から1970年

AIは、一般に1956年の「人工知能についてのダートマス夏季研究プロジェクト」（いわゆるダートマス会議）で誕生したと考えられています。「人工知能」（Artificial Intelligence, AI）という言葉が一貫した意味のある形で初めて使われたのもこの会議です。ダートマス会議の参加者は50人にも満たない数でしたが、コンピューター科学や数学の世界で広く知られたレイ・ソロモノフ、ジョン・マッカーシー、マービン・ミンスキー、クロード・シャノン、ジョン・ナッシュ、ウォーレン・マカロックといった人々が含まれています。当時のコンピューター科学は数学の下位分野でした。ダートマス会議はブレーンストーミングのセッションであり、初期のAI研究を準備しました。

1957年にフランク・ローゼンブラットとコーネル大学はマーク1パーセプトロンを生み出しましたが、これはニューラルネットワークの最初の応用として広く知られています。パーセプトロンはさまざまな点で注目すべきものでしたが、そのひとつは画像認識のために作られたことです。これは、2012年に深層学習がその力を証明したのと同じ応用分野です。

図2-1は、『パーセプトロン運用者マニュアル』[*2-7]に描かれているパーセプトロンの概念的な構成図です。パーセプトロンは20×20ピクセルのデジタル化された遠隔画像をインプットとし、多数の「無作為な」接続を介してそれを連合ユニットに送り、さらに応答ユニットに送ります。この構成は現在使われている画像の深層学習の一部のアプローチとほぼ同じであり、**エクストリームラーニングマシン**と呼ばれるタイプのニューラルネットワークとよく似ています。

＊ 訳注2-7：『Perceptron Operators' Manual』

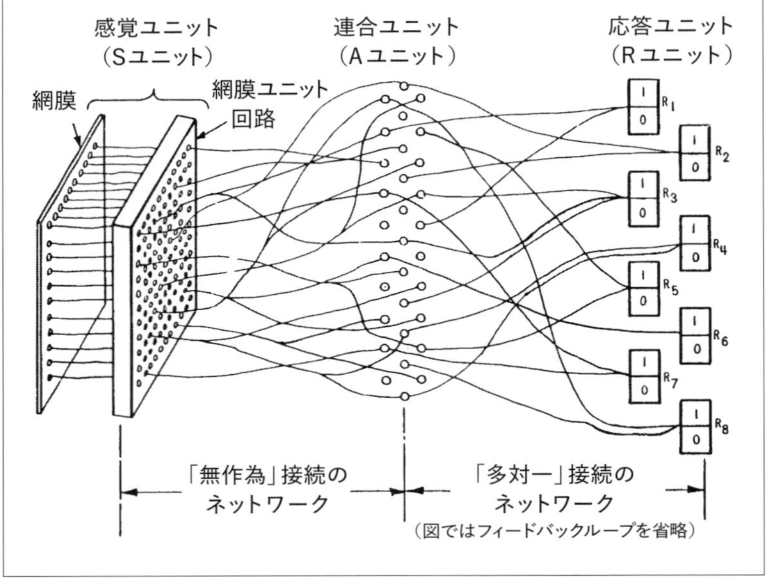

図2-1　マーク1パーセプトロンの構成

パーセプトロンの方向性が正しかったのなら、なぜ何十年も忘れ去られたままになっていたでしょうか*2-8。原因のひとつは、派手な宣伝を好むローゼンブラットの性癖です。1958年に米海軍（パーセプトロンプロジェクトのスポンサーのひとつ）が開催したあるカンファレンスでのローゼンブラットの発言は派手で、ニューヨークタイムズは次のように報じました。

> *海軍は今日、歩行、会話、視覚、執筆、再生産能力を持ち、自らの存在を意識できる電子コンピューターの萌芽となるものを公開した。将来のパーセプトロンは、人を認識して名前を呼び、ある言語で話された言葉を瞬時にほかの言語で話し、書くことができるようになることが予想される。*

* 訳注2-8：パーセプトロンは当時の技術的制約や限界により進展が遅れた時期がありましたが、研究は続けられてきました。

当時は多くの人々がこの記事に反感を持ちましたが、現代のAIシステムのもとでは機械が歩き、話し、読み書きし、人を認識し、読み書きした言葉を翻訳するようになっており、今の私たちはローゼンブラットにもっと寛容になれるでしょう。彼は60年ほど早かっただけです。

それから数年たった1963年、レナード・ウーアとチャールズ・ボスラーは、パーセプトロンと同じように0と1の行列として表現された20×20ピクセルの画像を解釈するプログラムを書きました。このプログラムは、パーセプトロンとは異なり、インプットを学習するために必要な画像特徴量のパターンや組み合わせを生成できました。ウーアとボスラーのプログラムは、30年以上あとに登場した畳み込みニューラルネットワーク(5章で取り上げます)に似たものでした。

私が「古典的」機械学習モデルと呼んでいる最初のものは、1967年にトーマス・カバーとピーター・ハートによって作られました。これは**最近傍法**と呼ばれ、あらゆる機械学習モデルのなかでもっとも単純なものであり、その単純さはほとんどあきれるほどです。未知のインプットにラベルを与えるために、それにもっとも似ている既知のインプットを探し、そのインプットのラベルをアウトプットにするのです。ラベルをつけるために複数の既知のインプットを使うときには***k*近傍法**と呼ばれ、kとしては3とか5といった小さな数字が使われます。1973年には、ハートはリチャード・デューダ、デビッド・ストークとともに『パターン識別』*2-9の初版を出版しています。この本は大きな影響力を持ち、私を含む多くのコンピューター科学者やソフトウェア技術者を機械学習の分野に引き込みました。

しかし、パーセプトロンの成功には1969年に急ブレーキがかかりました。マービン・ミンスキーとシーモア・パパートが出版した『パーセプトロン』*2-10が、単層や2層のパーセプトロンネットワークでは、意味のあるタスクをモデリングできないことを示したのです。「単層」とか「2層」といった言葉はあとで説明します。この『パーセプトロン』と1973年にジェームズ・ライトヒルが発表した『人工知能：全般的概説』

＊ 訳注2-9：『Pattern Classification』（Peter Hart, Richard Duda and David Stork）。訳文では尾上守夫監訳の原著2版の邦訳（アドコム・メディア、2001）タイトルを書名として使っています。ニューラルネットワークなどの内容が増補された原著3版が2024年12月発売予定になっています。

＊ 訳注2-10：『Perceptrons: An Introduction to Computational Geometry』（Marvin Minsky and Seymour Papert）。現在入手できるのは、2版の『Perceptrons: An Introduction to Computational Geometry, Expanded Edition』（MIT-Press, 1987）

（いわゆるライトヒルレポート）[*2-11]は、現在第1のAIの冬と呼ばれている停滞期を引き起こしました。AI研究に投じられる資金があっという間に枯渇したのです。

ミンスキーとパパートによるパーセプトロンモデルへの批判は正当なものでしたが、多くの人々は、彼らがそのような限界はより複雑なパーセプトロンモデルには当てはまらないと言っていたことを見過ごしていました。ダメージは大きく、コネクショニズム研究は1980年代始めまでほとんど消えた状態になってしまいました。

しかし、「ほとんど」と言ったことに注意してください。1979年に福島邦彦が発表した『位置ずれに影響されないパターン認識機構の神経回路モデル―ネオコグニトロン―』は1980年に英訳されました。「ネオコグニトロン」という名前はあまり流行らず、おそらくこの30年間のコンピューター科学で有名になった何とか「トロン」の最後でしょう。ウーアとボスラーの1963年のプログラムは畳み込みニューラルネットワークとある程度似ていましたが、多くの人々にとってネオコグニトロンは独創的な存在でした。畳み込みニューラルネットワークの成功は、現在のAI革命に直接つながるものです。

1980年から1990年

1980年代始めに当時のAIの共通語であったプログラミング言語Lisp（リスプ、現在その位置を占めているのはPython（パイソン）ですが）の専用マシンが登場して、AIは商用化されました。Lispマシンとともに、狭い分野の専門家の知識を取り入れた**エキスパートシステム**というソフトウェアも注目を集めるようになりました。AIの商用化は、最初のAIの冬を終わらせました。

エキスパートシステムを支えるコンセプトは、確かに魅力的です。たとえば、特定のタイプのがんを診断するエキスパートシステムを作る場合、まず専門家と面談して彼らの知識をナレッジベース（知識ベース）にまとめます。ナレッジベースは、事実と規則の組み合わせとして知識を表現します。次に、ナレッジベースに推論エンジンを結合します。推論エンジンはナレッジベースに格納された事実やユーザーか

＊ 訳注2-11：『Artificial Intelligence: A General Survey』（James Lighthill）

らのインプットに基づき、いつどのように規則を実行するかを決めます。規則は事実に基づいて作動し、それがナレッジベースに新たな事実を追加し、その事実が新たな規則を生み出すという波及効果を生むことがあります。エキスパートシステムの古典的な例は、NASAが1985年に開発し、1996年にパブリックドメイン化したCLIPSです。

エキスパートシステムはコネクショニズム的なネットワーク、すなわち知的なふるまいを生み出す（かもしれない）ユニットの集合体を持たず、典型的なシンボリックAIとなっています。ナレッジベースは、「エンジンの温度がこのしきい値よりも高くなったら、その原因はおそらくこれだ」という規則や「エンジンの温度がしきい値よりも低い」という事実を集めたものです。専門家とエキスパートシステムをつなぐのはナレッジエンジニアたちです。ナレッジエンジニアが投げかけた問いに対する専門家の回答からナレッジベースを組み立てる作業は複雑であり、完成したナレッジベースは時間が経過しても簡単に書き換えられません。しかし、設計が難しいからといって、エキスパートシステムは役に立たないというわけではありません。現在でも、主として「ビジネスルール管理システム」（BRMS）という形でエキスパートシステムは残っています。しかし、現代のAIに与える影響はわずかです。

初期のエキスパートシステムの成功と宣伝攻勢のために、1980年代始めにはAIに新たな関心が寄せられるようになりました。しかし、エキスパートシステムは脆弱過ぎて汎用性がないことが明らかになり、産業として成り立たなくなって、1980年代半ばには第2のAIの冬が到来しました。

1980年代にはコネクショニストたちは背景に押しやられていましたが、そのままじっとしていたわけではありません。1982年には、ジョン・ホップフィールド[*2-12]が、現在**ホップフィールドネットワーク**と呼ばれているもののデモを行いました。ホップフィールドネットワークは、ネットワークの重みのなかに分散的に情報を格納し、あとでその情報を取り出すというニューラルネットワークの一種です。現代の深層学習ではホップフィールドネットワークはあまり使われていませんが、このデモはコネクショニズムのアプローチの有用性を証明しました。

＊ 訳注2-12：2024年ノーベル物理学賞受賞者

1986年には、デビッド・ラメルハート、ジェフリー・ヒントン[*2-13]、ロナルド・ウィリアムズが『誤差の逆伝播による表現の学習』[*2-14]という論文を発表し、ニューラルネットワークを訓練するためのバックプロパゲーションアルゴリズム（誤差逆伝播法）の概要を示しました。ニューラルネットワークの訓練では、ネットワークが適切に動作するようにニューロン間の結びつきの重みを調整しますが、特定の重みの調整がネットワーク全体の性能に与える影響を計算するバックプロパゲーションアルゴリズムは、このプロセスの効率を引き上げるための重要なポイントとなりました。これにより、既知の訓練データをネットワークに与えたときの分類誤差の情報を使って重みを調整し、次の訓練イテレーションではネットワークの性能を引き上げるという反復的な訓練が可能になったのです（ニューラルネットワークの訓練については4章で詳しく説明します）。バックプロパゲーションにより、ニューラルネットワークはローゼンブラットのパーセプトロンの性能の低さを克服して大幅に前進しました。しかし、バックプロパゲーションを導入しても、1980年代のニューラルネットワークはまだおもちゃのようなレベルでした。なお、バックプロパゲーションを発明したのは誰でそれはいつのことかについては論争がありますが、ニューラルネットワークの研究者たちにもっとも大きな影響を与えたのが1986年論文だということは広く認められています[*2-15]。

1990年から2000年

第2のAIの冬は1990年代に入ってもまだ続いていましたが、シンボリックAIとコネクショニズムの両陣営とも研究は続けられていました。1995年には、コリーナ・コルテスとウラジミール・バプニックが機械学習コミュニティにサポートベクターマシン（Support Vector Machine, SVM）を発表しました。ある意味では、SVMは古典的な機械学習の最高水準を示すものでした。1990年代から2000年代初頭にか

＊ 訳注2-13：2024年ノーベル物理学賞受賞者

＊ 訳注2-14：『Learning Representations by Back-propagating Errors』
（David Rumelhart, Geoffrey Hinton, and Ronald Williams）
https://www.nature.com/articles/323533a0

＊ 訳注2-15：日本の研究者・甘利俊一氏が1967年の論文『A Theory of Adaptive Pattern Classifiers』などにて、基礎となる学習手法を提案していました。ニューラルネットワーク研究における大きな貢献であったことは間違いありません。

けて、SVMはニューラルネットワークを寄せ付けない成功を収めていました。ニューラルネットワークは大規模なデータベースと膨大な計算能力を必要とします。多くの場合、SVMはそれほど多くのリソースを必要としません。ニューラルネットワークはインプットから望ましいアウトプットを得る関数を表現するネットワークの能力が性能の決め手ですが、SVMは数学を巧妙に使って難しい分類問題を単純化します。

SVMの成功はAI研究者のコミュニティだけでなく広くソフトウェア工学全体で注目を浴び、機械学習を組み込んだアプリケーションの数が増えました。SFの世界でも知能を持つ機械は引き続き頻繁に登場していましたが、一般の人々の多くはこれらの進歩には気づかずにいました。

今回のAIの冬は、IBMのスーパーコンピューター、ディープブルーがチェスの世界チャンピオン、ガルリ・カスパロフに勝利した1997年に終わりました。その当時は、機械が人類最強のチェスプレーヤーに勝つなどと思っていた人はほとんどいませんでした。面白いことに、その10年前に私の指導教授のひとりが2000年が来る前にAIはこの偉業を達成すると予言していました。この教授は予知能力を持っていたのでしょうか。そういうわけではありません。ディープブルーは高速なカスタムハードウェアと高度なソフトウェアを合わせ持ち、すでに知られていたAI探索アルゴリズム（特にミニマックス法）を使っていました。ディープブルーは、ほかのチェス名人から得た適度な量の知識と発見的な方法の組み合わせにより、人間が熟考できる範囲を超える多くの指し手を検索、評価できた上に、AIの専門家から見て、機械が十分な資源を自由に使えれば人間に勝てることがわかっている内容のものを組み込んでいました。コンピューターがいずれ人間の能力を上回るほど高速になることは研究者たちに予想されていたので、ディープブルーが勝つのは必然的なことでした。必要なものはすでにわかっており、あとはそれを組み合わせるだけだったのです。

1998年には、ヤン・ルカン、レオン・ボトゥー、ヨシュア・ベンジオ、パトリック・ハフナーの『勾配に基づく学習の文書認識への応用』[*2-16]

＊訳注2-16：『Gradient-Based Learning Applied to Document Recognition』
http://vision.stanford.edu/cs598_spring07/papers/Lecun98.pdf

が発表されました。この論文は一般の人々の目には留まりませんでしたが、AIと世界にとって重要な転換点となりました。福島のネオコグニトロンは畳み込みニューラルネットワークに似ており、現代のAI革命をスタートさせましたが、この論文は畳み込みニューラルネットワークそのものと1章でも使った有名な(悪名も高い)MNISTデータセットを導入しました。畳み込みニューラルネットワーク(CNN)が1998年に出現したということからは別の疑問も生まれます。世界がCNNに気づくまでなぜそれから14年もかかったのでしょうか。この疑問には、この章のあとの部分で答えたいと思います。

2000年から2012年

2001年には、レオ・ブレイマンが**ランダムフォレスト**を発表しました。ダーウィンが19世紀に進化論で行ったのと同じように、組み合わせればランダムフォレストアルゴリズムになり得るものを一貫性のある全体に組み立てたのです。ランダムフォレストは、3章で取り上げる古典的機械学習アルゴリズムのなかで最後に登場したものです。「ランダムフォレスト」から1章で取り上げた決定木が思い浮かんだとしたら、それには理由があります。ランダムフォレストは決定木の森なのです。

積層ノイズ除去オートエンコーダー(Stacked Denoising Autoencoder, SDA)は中間的なモデル(訳注:現代の深層学習技術に至る過渡期のモデルということ)のひとつで、2010年に私が深層学習の世界に入ったきっかけとなったものです。**オートエンコーダー**(自動符号化器、自己符号化器)はアウトプットを生成する前に中間層にインプットを渡すニューラルネットワークです。中間層の符号化されたインプットからインプットを再現しようとします。

オートエンコーダーがしていることはばかげているように見えますが、中間層はインプットの再現を学習する過程で、つまらない細部に振り回されずにインプットの本質を捉えた面白い部分を学習します。たとえば、インプットがMNISTの数字画像なら、オートエンコーダーの中間層は英字とは異なる数字の特徴を学習します。

ノイズ除去オートエンコーダー(Denoising Autoencoder、DA)はこれと似ていますが、中間層にインプットを送る前にインプット値の一部を無作為に選んで捨てます。そのような邪魔が入ってもオートエンコーダーはインプット全体を再現しようとしますが、インプットが不完全になっている分､作業は難しくなります。しかし､オートエンコーダーの中間層がインプットのよりよい符号化方法を見つけるためにそれが役に立つのです。

最後に、**積層ノイズ除去オートエンコーダー**（SDA）は、ノイズ除去オートエンコーダーを積み上げたもの（DAのスタック）です。中間層に含まれるひとつの層のアウトプットは次の層のインプットになります。このような構成にすると、スタックはインプットの新しい表現を学習します。スタックの上に分類器を追加すると、そのような学習結果がクラス間の違いを見分けるために役立ちます。たとえば、当時の私の研究では、インプットとして面白いターゲットが含まれているかもしれない小さな画像を使っていました。そして、訓練済みのSDAの層を2、3個使ってインプットを数値のリストに変換します。その数値は画像の細部を無視して本質を表すものになるはずだということです。このアウトプットを使ってSVMでインプットがターゲットかどうかを判断したのです。

2012年から2021年

深層学習が世界から注目を浴びたのは、2012年のことでした。この年、畳み込みニューラルネットワークの一種であるAlexNetが、15%強の誤差率でImageNetコンテストを制しましたが、この誤差率はライバルよりも大幅に低い数値でした。この年のImageNetコンテストの課題は、カラー写真のなかで主役になっているのが犬、猫、芝刈り機等々のどれなのかを明らかにすることでした。実際には、「犬」では十分な答えにはなりません。ImageNetデータセットには1,000クラスの物体（対象物）が含まれており、そのうちの120種類はさまざまな犬種の犬になっていました。そのため正解は「ボーダーコリー」や「ベルジアンマリノア」といったものだったのです。

画像に無作為にクラスラベルを与えていくことをランダム推測と言

います。この場合、ランダム推測の成功率は1/1000であり、誤差率99.9%とも言えます。15%というAlexNetの誤差率は非常に目覚ましいものでしたが、それは2012年だったからです。2017年までに畳み込みニューラルネットワークは誤差率を約3%まで引き下げました。これは手作業でコンテストの課題に挑戦した少数の人間のチャレンジャーが達成した約5%よりも低いということです。あなたは120種類の犬種を見分けられますか？ 私にはとても無理です。

AlexNetによってせきは切られました。その後の新モデルは、以前のすべての記録を破っただけでなく、それまで誰も期待していなかったような仕事をこなし始めました。ほかの写真や絵画のスタイルでイメージを描き直したり、画像の内容と写っている活動から文章による説明を生成したり、人間並あるいは人間以上にうまくビデオゲームをプレイしたりといったことです。

この分野は急激に発展し、毎日新しい論文が洪水のように発表されて誰もついていけないほどになりました。毎年複数のカンファレンスに参加し、さまざまな分野の研究が最初に発表されるarXiv（https://www.arxiv.org）のようなサイトで論文を読んでいなければ、最新情報はつかめません。そのため、読者の関心に従って機械学習論文をランク分けし、「ベスト」を見つけやすくしようという　https://www.arxiv-sanity-lite.com　のようなサイトも生まれました。

2014年には、イアン・グッドフェローが夜中に友人たちと話をしていてひらめいたアイデアからヤン・ルカンがここ20年から30年で最大のブレイクスルーと呼んだもの（NeurIPS 2016での立ち聞きです）が生まれました。**敵対的生成ネットワーク**（**Generative Adversarial Network、GAN**）がそれです（6章参照）。GANは訓練に使われたデータと関連するもののはっきり異なるアウトプットをモデルに「創造させる」という新しい研究分野を切り開きました。ChatGPT、Stable Diffusionといったシステムに象徴される**生成AI**の爆発的な流行を導いたのがGANです。

機械学習には、今まで説明してきた**教師あり学習**とラベル付きデータセットなしでモデルを訓練する**教師なし学習**の2分野のほかに、**強**

化学習という分野があります。強化学習のエージェント（モデル）は、報酬関数を介して課題の達成方法を学びます。当然、これはロボット工学に応用されます。

2013年には、GoogleのDeepMindグループがAtari 2600*2-17のビデオゲームを人間のエキスパート（当時で誕生してから35年目のゲームシステムのエキスパートがどういう人なのかは私にはわかりませんが）と同等、またはそれ以上のスキルでプレイすることを学習した深層強化学習に基づくシステムを発表しました。私から見てこのシステムでもっとも印象的なことは、モデルのインプットが人間のインプットと同じモニター画面上の画像で、それ以外には何もないことでした。そのため、システムはインプット画像の解析方法を学習しなければなりませんでしたし、画像に反応してジョイスティックを動かし（ゲームが実際に使っていたのは仮想ジョイスティックのエミュレーターです）、ゲームに勝つ方法を学習しなければなりませんでした。

原始的なビデオゲームで人間に勝つことと囲碁のような抽象的な戦略ゲームで人間に勝つことの間には乗り越えられない壁があると考えられてきました。私は1980年代末に、ディープブルーのようなシステムが使っているミニマックスアルゴリズムがチェスで人間に勝てても囲碁のようなゲームでは勝てない、だから機械が人間の囲碁棋士に勝つことはないとはっきり教えられました。実際、当時はそう考える理由が十分あったはずです。しかし、私の教授は間違っていました。

2016年、GoogleのAlphaGo（アルファ碁）システムが世界的な囲碁棋士イ・セドルとの5番勝負に4対1で勝利を収めました。世界はこれに注目し、パラダイムシフトが起きたという認識が一気に広がりました。この頃には、機械学習はすでに商用システムとして成功を収めていました。しかし、AlphaGoの勝利は、機械学習の研究者や技術者にとって非常に印象的なことでした。

AlphaGoは人間による数千件の棋譜で訓練されたシステムでしたが、翌2017年には自分自身との勝負によって0から訓練し直され、人間によるインプットのないAlphaGo Zeroに置き換えられました（一般の人々の大半は、このニュースに気づきませんでしたが）。AlphaGo

＊ 訳注2-17：米国のAtari社が1977年にリリースした家庭用ゲーム機。

Zeroは短時間で囲碁をマスターし、オリジナルのAlphaGoシステムさえ打ち負かしたのです(100勝0敗の完勝でした)。

しかし2022年になって、勝利するように訓練されたのではなく現代のAIシステムの脆弱さを暴くように訓練されたシステムによって、最新鋭の囲碁システムKataGoが繰り返し簡単に打ち負かされるという事件が起きました。この敵システムが使った指し手は、KataGoが訓練時に見たことのある指し手ではなかったのです。これは、機械学習モデルが内挿では高性能でも外挿では性能を発揮できないことをよく示す現実的な例です。敵システムが囲碁の力で上回るようにではなく、AIを痛めつけ「イライラさせる」ように訓練されていたときには、敵システムは4試合で3勝することができました。『新スタートレック』第47話「限りなき戦い」をご存知でしょうか。この回では、アンドロイドのデータ少佐が戦略家のコルラミとの戦略ゲームの勝負で、勝とうとせず、引き分けと相手のイライラを狙うことによって「勝利」を得ています。

ビデオゲームで人間に勝とうとする深層学習の試みはさらに続いています。現在の深層強化学習システムは、Atariのような初歩的なゲームよりもはるかに難しいゲームで名人級の成績を出しています。2019年、DeepMindのアルファスターシステムは、ユニットの開発や戦闘プランを必要とする戦略ゲーム『スタークラフト2』で人間のプレイヤーの99.8%よりも高い成績を記録しました。

1975年に開催されたDNA組み換えについてのアシロマ会議は、遺伝子工学の成長と潜在的な倫理問題を認識する重要な節目となりました。この会議はその後の研究にプラスの影響を与え、主催者たちは遺伝子工学に対する倫理的なアプローチの要約文書を発表しました。当時生まれたばかりだった新しい科学分野が抱える潜在的な危険性は早い段階で認識され、将来の研究では倫理的な問題への対処が最重要であることが確認されました。

2017年の有益なAIについてのアシロマ会議[*2-18]は、AIの潜在的な危険性に対する問題意識喚起のために、わざと1975年の会議を思い起こさせるものになっています。現在のカンファレンスでは、「AI for

* 訳注2-18:2017年のアシロマ会議について詳しく知りたい方はFuture of Life Instituteによる記事『AI Principles Japanese』が参考になります(https://futureoflife.org/open-letter/ai-principles-japanese/)。

Good」を掲げたセッションをよく見かけるようになりました。2017年のアシロマ会議は、人工知能の成長と応用に対する一連の指導原理を生み出しました。アメリカ政府、特に大統領府科学技術政策局(OSTP)は、AIの無差別的な利用からの悪影響からアメリカ国民を守るための「AI権利章典の青写真」*2-19を2022年10月に発表しています。実際、ホワイトハウスの高官たちは、より強力なAIシステムの開発では適切な配慮を欠かさぬようAIコミュニティに直接働きかけています。これらはすべてよい兆候ですが、法律が技術開発に遅れを取ることが多いことは歴史が示す通りです。これらの必要とされる試みがAIの規正に効果を発揮するかどうかはまだ予断を許しません。

2021年から現在

2020年の新型コロナパンデミックは、世界の大半の活動を停止させました。しかし、リモートのコラボレーションやカンファレンスが比較的うまく機能したためか、AIコミュニティはあまり大きな影響を受けませんでした。また、この分野の研究者たちはインターネットを介して強力なコンピューターにアクセスできるため、ハードウェアが手の届くところになければならないほかの分野のように物理的な距離が研究を制限するようなこともありませんでした。

2021年初頭から従前のモデルを凌駕する新モデルが矢継ぎ早に発表され、その流れが本稿執筆時点まで続いています。ほとんどのものは人間が書いたテキストのインプットを受け付け、テキストや画像のアウトプット、さらには動画のアウトプットさえ生成します。テキストとサンプル画像を組み合わせたインプットでシステムを導くこともよくあります。現在人気を集めている(そして重要な)システムとしては、DALL-E 2*2-20、Stable Diffusion、Midjourney、ChatGPTなどがあります。大手IT企業の大半は、動画、音声、さらには3Dモデルを生成する最先端テクニックのデモを用意しています。これらのシステムが生み出した現在の盛況には、AlexNetによって深層学習の真価が証明された2012年を思い起こさせるものがあります。これは新たなパラダ

＊ 訳注2-19:『Blueprint for an AI Bill of Rights』(White House Office of Science and Technology Policy) https://www.whitehouse.gov/wp-content/uploads/2022/10/Blueprint-for-an-AI-Bill-of-Rights.pdf

＊ 訳注2-20:日本語版制作時点の最新モデルはDALL-E 3です。

イムシフトです。ただし、これらのシステムのなかに意識を持つものはないということははっきりさせておかなければなりません。このように考えるのは私だけではありません。ChatGPTでさえそのように答えてきます。

ChatGPTに「あなたは意識を持つ存在ですか？」と尋ねたときの返答は次の通りです（一切変更を加えていません）[*2-21]。

> 私は機械学習モデルであり、意識を持つ存在ではありません。私はユーザーのインプットに基づいてテキストを生成するように訓練されたコンピュータープログラムです。私には、人間と同じように考え、推論し、意識を感じる能力はありません。私は情報を提供してユーザーを助けるように設計されていますが、独立した思考や意識を持つわけではありません。

返答2-1

エイダ・ラブレスなら、この答えに満足してくれるでしょう。もっとも、思考を持たない機械がどのようにしてこの文を生成するのか悩むかもしれませんが。ただし、ChatGPTは人間と同じように考えないと言っているだけで、考えないと言っているわけではありません。本書では、画像合成は6章、ChatGPTのような大規模言語モデルは7章で取り上げます。そこまで読み進めば、エイダの悩み（かもしれないもの）に対する答えはわかります。

＊＊＊＊

では、なぜ今なのでしょうか。一言で答えれば、シンボリックAIの凋落と技術革新の到来がコネクショニズムに有利に働いたということです。

シンボリックAIとコネクショニズムはほぼ同時に生まれ、数十年にわたってシンボリックAIが支配的だったために、コネクショニズムは背景に追いやられていました。しかし、2度のAIの冬を経てシンボ

＊ 訳注2-21：これは原著の英語を和訳したものです。原著の英文の問答は「日本語版付録B」を参照してください。

リックAIは瀕死の状態に追いやられ、主要な技術革新の助けを得たコネクショニズムが隙間を埋めたということです。

シンボリックAIとコネクショニズムの関係は非鳥類型恐竜と哺乳類の関係に似ていると私は考えています。地質学によれば恐竜と哺乳類はほぼ同時に出現しましたが、巨大な陸生恐竜が1億6000万年にわたって世界を支配し、哺乳類は日陰の存在であることを強いられました。しかし、6600万年前の巨大隕石の落下により巨大恐竜は絶滅し、哺乳類が進化して地球を支配するようになったのです。

もちろん、たとえ話はいずれ破綻するものです。恐竜は完全に死に絶えたわけではありません(現在は鳥類と呼ばれています)。優位でなくなったからといって消えたわけではないのです。実際、恐竜は地球のサクセスストーリーのひとつです。非鳥類型恐竜が絶滅したのは、単に運が悪かったからです。文字通り災難が降ってきたのです(災難を表す英語のdisasterの語源は、「悪い星」という意味のイタリア語disastroです)。

では、シンボリックAIに復活はあるのでしょうか。何らかの形で復活することはあるでしょうが、それはコネクショニズムと調和した形でしょう。シンボリックAIは知的なふるまいを抽象的な形で実現できると約束しましたが、その約束は果たされませんでした。それに対し、コネクショニズムは単純なユニットの集合体から知的なふるまいを生み出せると主張し、この主張は深層学習の成功によって支えられています。そして、現在この星に数十億の生きた脳が存在することは言うまでもないことです。しかし、ChatGPTが言うように、コネクショニズムが生み出した既存モデルは「人間と同じように考え、推論し、意識を経験する能力はありません」。現代のニューラルネットワークは表現を学習するデータプロセッサーであって、知能ではありません。これがどのような意味かは5章で明らかにします。

私たち人類は表象的思考に決定的に依存していますが、表彰的思考は知能の要件ではありません。古人類学者のイナ・タッターソルは、著書『人類の進化を理解する』[*2-22]で、ネアンデルタール人が私たちと同じような表象的思考を使っていた形跡はなく、言語も持っていなかっ

＊ 訳注2-22：『Understanding Human Evolution』
（Ian Tattersall, Cambridge University Press, 2022）

たようだが、彼らには知能があったと言っています。実際、ネアンデルタール人は、私たちの祖先が彼らと一度ならず「戦火ではなく愛情を交わした」ぐらい十分に人類でした。ホモ・サピエンス以外のヒトのDNAを持つ人々がいることがこの事実を証明しています。

私は、近い将来にコネクショニズムとシンボリックAIのシナジーが生まれるのではないかと思っています。たとえば、ChatGPTのようなシステムは、突き詰めて言えば次の出力トークン（単語、または単語の一部）を予測しているだけで、何か間違ったことを言っていても自分ではわかりません。しかし、シンボリックAIシステムを付随させれば、返答に含まれる推論の誤りを検出し、修正できます。ただし、どうすればそのようなシステムを実現できるかは私にはわかりません。

＊＊＊＊

コネクショニズムから何が生まれるかは1960年代初頭からはっきりしていました。では、AI革命を何十年も遅らせたのはシンボリックAIに偏ったことだけなのでしょうか？ いいえ、違います。コネクショニズムは、スピード、アルゴリズム、データの3つの問題のために行き詰まったのです。それぞれについて考えてみましょう。

スピード

スピードがコネクショニズムの成長を妨げた理由を理解するためには、コンピューターの仕組みを理解しなければなりません。かなり大雑把に言えば、コンピューターはデータ（数値）を保持するメモリーと一般にCPU（中央演算装置）と呼ばれる処理ユニットだと考えられます。デスクトップコンピューター、スマートフォン、音声アシスタント、自動車、電子レンジなど、日常的に使うトースター以外のほぼあらゆるものが内蔵しているマイクロプロセッサーはCPUです（いや、多くのトースターもCPUを内蔵していました）。CPUは昔ながらのコンピューターだと考えられます。データはメモリー、またはキーボード、マウスなどのインプットデバイスからCPUに送られて処理され、処理後のデータはメモリー、またはモニターやハードディスクなどのアウトプットデバイスに送られます。

それに対し、GPU(グラフィックス処理装置)は、主としてビデオゲーム産業を対象として高速なグラフィックス表示を実現するために開発されました。GPUは、メモリー上の数百、数千の位置(**ピクセル**と考えてください)で同時に"2を掛ける"のような演算を実行できます。それに対し、CPUがメモリー上の数千の位置に2を掛ける場合には、まず1個目、次に2個目、さらに3個目のように順番に演算を実行しなければなりません。偶然ですが、ニューラルネットワークを訓練、実装するためにまず最初に必要な操作は、GPUができることと一致していました。NVIDIA(エヌビディア)のようなGPUメーカーは、早い時期にこのことに気づき、深層学習用のGPUの開発を始めました。GPUは、PCの拡張スロットに収まるスーパーコンピューターカードのようなものだと考えられます。

1945年の最先端は、エニアック(ENIAC)でした。エニアックのスピードは、約0.00289 MIPSでした(MIPSは1秒で処理できる命令数を百万で割った単位です)。言い換えれば、エニアックは毎秒3,000個足らずの命令しか実行できませんでした。2023年に私が本書を執筆するために使っているPCに搭載されたインテルのi7-4790 CPUはすでに古臭くなった代物ですが、約130,000 MIPSの処理能力があります。私のPCは、エニアックの約4,500万倍、1980年代の6502 CPUと比べても約30万倍も高速なのです。

しかし、NVIDIAのA100 GPUを深層学習で使うと、312 TFLOPS、すなわち31,200万 MIPSであり、エニアックの1100億倍、6502の73000万倍も高速なのです。機械学習が生まれてからの計算能力の増加のすさまじさは気を失うほどです。しかも、膨大なデータセットを使って大規模なニューラルネットワークを訓練するときには、そのようなGPUを数十、数百個も使うことがよくあるのです。

結論: 高速なGPUが登場するまでのコンピューターは遅過ぎて、ChatGPTのようなものを作るために必要な強力なニューラルネット

ワークを訓練できなかった。

アルゴリズム

4章で学ぶように、ニューラルネットワークは単純なタスクをこなす基本ユニットによって組み立てられます。基本ユニットは、インプットを集め、それぞれに重みの値を掛け、合計し、バイアス値を加えて得た値を活性化関数に渡してアウトプットを作り出します。つまり、多数のインプットから1個のアウトプットを作るのです。数千個から数百万個ものそのようなユニットの集合的な作用によって数十億個もの重みの値が計算され、深層学習システムはその重みの値によって求められた仕事をこなすのです。

ニューラルネットワークを使える状態にすることは、今説明したニューラルネットワークの構造とはまた別の話です。ネットワークの構造(**アーキテクチャー**と呼ばれますが)を知ることは、解剖学のようなものです。解剖学では、身体がどのようなものから構成されているかに注目します。これが心臓、これが肝臓といったことです。それに対し、ネットワークの訓練は生理学に似ています。生理学は、身体の各部がほかの部分とどのように連携しているかを研究します。以前から解剖学(アーキテクチャー)はありましたが、生理学(訓練プロセス)は十分理解されていませんでした。しかし、そのような状況は数十年を経て大きなアルゴリズム上のイノベーションのおかげで改善されてきました。それはバックプロパゲーション、ネットワークの初期化、活性化関数、ドロップアウトと正規化、高度な勾配降下法などです。これらの用語の意味を詳細に知る必要はありません。これらの単語が表す進歩(および、前項で触れた処理速度の向上と次項で触れるデータセットの進化)が深層学習革命を実現した主役だということだけを頭に入れておいてください。

正しい重みとバイアス値があればそれらでネットワークに修正を加え、望んでいるタスクをこなしてもらえるようになることはずっと前からわかっていましたが、数十年前にはそういった値を効率よく**見つける**方法がわかっていませんでした。1980年代にバックプロパゲーションアルゴリズムが開発され、それと確率的勾配降下法の組み合わせにより、状況が変わり始めたのです。

訓練データに対するモデルの誤りを修正する方向で反復的に訓練していくと、最終的な重みとバイアス値が得られます。反復処理は、重みとバイアス値の初期値から開始されます。では、その初期値はどのようにして得たらよいのでしょうか。長い間、重みとバイアス値の初期値はあまり大きな意味を持たないと考えられてきました。一定範囲の小さな値を無作為に選んでいたのです。それでうまくいくこともかなりありましたが、うまくいかずにネットワークがまったくではなくてもあまり学習しないこともたびたびありました。ネットワークの初期化のためにより原則的な方法が必要だったのです。

現代のネットワークも無作為に初期化されていることは同じですが、ネットワークのアーキテクチャーと使われる活性化関数のタイプにより無作為な初期値の選択範囲は異なります。こういった細部に注意を払うことによって、ネットワークの学習効率が上がったのです。**初期化**は重要です。

ニューラルネットワークは階層構造になっています。ある層のアウトプットが次の層のインプットになるわけです。ネットワークの各ノードのアウトプットは、そのノードの**活性化関数**によって決まります。以前のニューラルネットワークの活性化関数は、シグモイドか双曲線正接でした。どちらも、グラフにするとS字形の曲線になる関数です。しかし、これらの関数はほとんどの場合不適切だったので*2-23、**正規化線形ユニット**（**Rectified Linear Unit、ReLU**）という単純な内容なのに正式名が長い関数にその座を奪われました。ReLUは、インプットが負数かどうかという単純な問いによって動作を変えます。負数ならアウトプットは0になり、そうでなければアウトプットはインプットと同じになります。ReLU活性化関数は古い活性化関数よりもよい結果を生むだけでなく、コンピューターはこの問いに瞬間的に答えられます。そのため、ReLUへの切り替えは、ネットワークの性能とスピードの両方が上がるという一石二鳥でした。

ドロップアウトとバッチ正規化は、ここで必要とされているレベル

＊ 訳注2-23：シグモイドや双曲線正接はニューラルネットワーク研究の初期に多用されていました。近年では使用の比率が減っているものの使用され続けています。

のやさしさで説明するのが難しい高度な訓練アプローチです。**ドロップアウト**は2012年に開発された技法で、訓練中にノードのアウトプットの一部を無作為に0にしてしまいます。これには、独立しつつ関連性もある数千のモデルを同時並行で訓練するのと同じような効果があります。適切なドロップアウトはネットワークの学習に劇的な効果をもたらします。私はある著名なコンピューター科学者から「1980年代にドロップアウトがあれば、今の世界はまったく別のものになっていたはずだ」という言葉を聞いたことがあります。

バッチ正規化は、データがネットワークの層の間で移動するときにデータに修正を加えます。ニューラルネットワークでは、ネットワークの一方の側にあるインプットが複数の層を経由してアウトプットが得られます。図式としては、一般に左から右への動きとしてこれを表します。正規化は、この層と層の間で値が意味のある範囲内に収まるように値を書き換えます。バッチ正規化は最初の学習可能な正規化テクニックでした。学習可能とは、ネットワークの学習にともなって自分がすべきことを学習できるということです。バッチ正規化の登場後、さまざまな正規化アプローチが発展してきました。

アルゴリズムの重要なイノベーションとして説明すべきものはあとは勾配降下法だけです。勾配降下法はバックプロパゲーションと連携して重みとバイアス値の学習を促進します。勾配降下法には機械学習よりもはるかに古い歴史がありますが、この10年ほどで発展してきた勾配降下法は深層学習の成功に大きく貢献しています。このテーマについては4章で詳しく説明します。

結論：ニューラルネットワークの訓練のために最初に使われていた方法は原始的で、ニューラルネットワークの本来の力を引き出せなかったが、アルゴリズムのイノベーションが状況を大きく変えた。

データ

ニューラルネットワークは大量の訓練データを必要とします。ある特定の課題のためにモデルを訓練するときにどれだけのデータが必要かと尋ねられたとき、私はいつも「全部です」と答えています。モデルはデータから学習します。データが多ければ多いほど、実際に使われたときにモデルが相手にするものがよく表現されるのでよいということです。

ワールドワイドウェブというものが生まれる前は、深層ニューラルネットワークを訓練するために必要な規模のデータセットを収集、ラベリング、処理するのは容易なことではありませんでした。この状況が変わったのは1990年代末から2000年代初頭にかけてウェブが急成長を遂げ、データが爆発的に増えた時期です。

スタティスタ*2-24（https://jp.statista.com/）によれば、2022年にはYouTubeに毎分500時間分の新しい動画がアップロードされています。1995年12月にウェブを使っていたのは約1,600万人で、世界の人口の0.4%に過ぎませんでしたが、その人口は2022年7月までに55億人近く、すなわち世界の人口の69%に達しています。ソーシャルメディアの利用、eコマースはもちろん、スマホを持って別の場所に移動するだけでも、膨大な量のデータが生成されます。それらがすべて捕捉され、AIのために使われるのです。ソーシャルメディアが無料なのは、私たちや私たちが生み出すデータが商品になるからです。

私が仕事をしていてよく耳にするのは、「昔はデータ不足だったけど、今はデータに溺れてるなあ」という言葉です。大規模なデータセットと十分なラベルがなければ、深層学習は学習できません。しかし、大規模なデータセットがあれば、恐ろしくなるほどすごいことが起き得るのです。

結論：機械学習ではデータがすべてだ。

＊＊＊＊

この章で覚えておきたいのは次のようなことです。

- 早い時期にシンボリックAIとコネクショニズムの対立が生まれ、

＊ 訳注2-24：ドイツ・ハンブルクに本社を置く統計データ会社で、世界中の統計データを提供する世界最大規模のデータプラットフォーム。

数十年にわたってシンボリックAIの優位が続いた。
- コネクショニズムは、スピード、アルゴリズム、データの問題のために長期にわたって苦戦を強いられた。
- 2012年の深層学習革命により、コネクショニズムが勝利を収め、現在に至っている。
- 深層学習革命の直接の原因は、コンピューターの高速化、GPUの出現、アルゴリズムの改良、膨大なデータセットに求められる。

私たちの目的では、歴史的な背景知識はこれで十分です。機械学習そのものに話を戻しましょう。最初は古典的なアルゴリズムです。

キーワード

オートエンコーダー、活性化関数、強化学習、教師あり学習、教師なし学習、コネクショニズム、サポートベクターマシン、初期化、シンボリックAI、正規化線形ユニット(ReLU)、生成AI、チューリングテスト、チューリングマシン、ドロップアウト、バッチ正規化、ホップフィールドネットワーク、ランダムフォレスト

※原著ではこの章にキーワードリストはありませんが、ほかの章でも使われている用語などを中心として、日本語版で追加しています。

第3章

古典的なモデル：昔の機械学習

ピアノの初心者はいきなりリストの「ラ・カンパネラ」を練習したりしません。最初は「メリーさんの羊」や「キラキラ星」です。単純な曲にはピアノ演奏の基礎が含まれており、生徒は基礎をマスターすることによって次第に上達していきます。この原則は、AIを含むほとんどの研究分野に当てはまります。

現代のAIを理解するという最終目標に到達するためには、「より単純な」かつての機械学習から学ぶ必要があります。昔のモデルで正しいことは、一般により高度なニューラルネットワークでも正しいことです。この章では、*k*近傍法、ランダムフォレスト、サポートベクターマシン（SVM）の3つの古典的なモデルを取り上げます。それらを理解することは、4章でニューラルネットワークを学ぶための準備になります。

＊＊＊＊

図3-1は、2つの特徴量（x_0とx_1）と3つのクラス（円形、正方形、三角形）を持つできあいのデータセットの訓練例を示しています。1章で

も同じようなグラフを見ました（図1-2参照）。アイリスデータセットと同様に、グラフのなかの図形は訓練セットに含まれるサンプルを表しています。この図3-1を使って***k*近傍法**という古典的なモデルについて学びましょう。

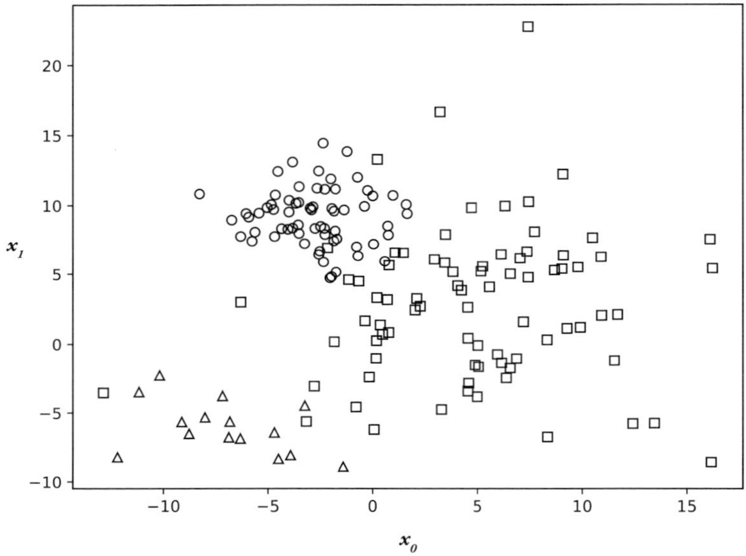

図3-1　3つのクラスと2個の特徴量を持つできあいの訓練セット

2章でも触れたように、最近傍分類器はもっとも単純なモデルです。単純過ぎて訓練するモデルがありません。訓練データがモデルなのです。新しい未知のインプットには、そこからもっとも近い訓練サンプルを見つけてそのサンプルのラベルを与えます。ただそれだけのことです。このように単純なものですが、モデルが実際に運用されたときにぶつかるデータが訓練データによってよく表現されていれば、最近傍法はかなり効果的です。

最近傍法からの自然な延長線として、未知のサンプルからもっとも近い*k*個の訓練サンプルを使う*k*近傍法というモデルもあります。*k*としては3、5、7がよく使われますがいくつでもかまいません。このタイプのモデルは多数決でラベルを決めます。つまり、k個の訓練サンプルのなかでもっとも多いものが、未知のサンプルのラベルになります。同点になった場合には、無作為にそれらのなかから1つを選びます。たとえば、未知のサンプルのために5個の最近傍サンプルを参照し、2個がクラス0、2個がクラス3になった場合、0か3を無作為に選んで未知のサンプルのラベルとします。すると、平均で50%の確率で正しい選択をすることになります。

では、最近傍法の考え方を使って未知のインプットを分類してみましょう。図3-2は、図3-1と同じ訓練サンプルに2個の未知のサンプル(ひし形と五角形)を追加したものです。これらのサンプルに円形、正方形、三角形の3つのクラスから1つを選んでラベルとしましょう。最近傍法の指示に従えば、未知のサンプルからもっとも近い訓練サンプルを探すことになります。ひし形の場合、それは左上の正方形です。五角形の場合は右上の三角形です。そこで、最近傍分類器は、ひし形には正方形、五角形には三角形というラベルを与えます。

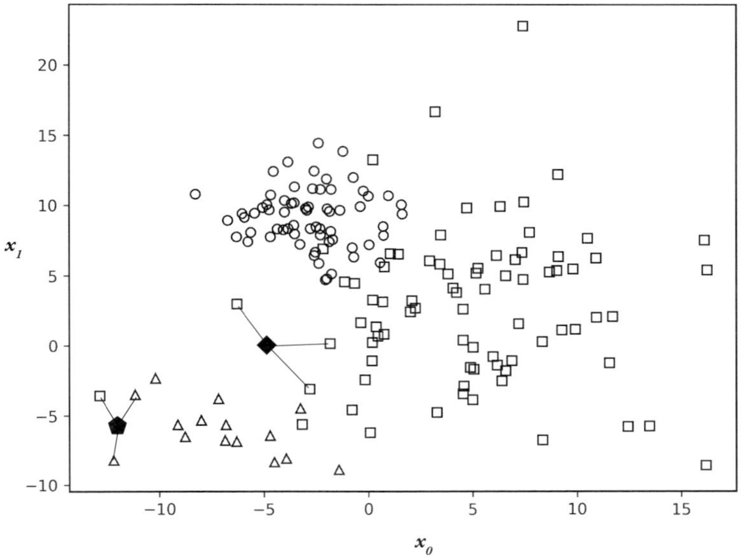

図3-2　未知のサンプルの分類

しかし、図3-2では、未知のサンプルともっとも近い3個の訓練サンプルの間に線が引かれています。kが3なら、これら3個を使います。この場合、ひし形のサンプルの近くにある3個のサンプルはどれも正方形なので、分類器はこのサンプルに今回も正方形というラベルを与えます。五角形のサンプルの方は、近くにある3個のサンプルのうち2個が三角形、1個が正方形なので、こちらも前回と同じ三角形というラベルを与えます。

この例はx_0、x_1という2次元の特徴量ベクトルを使っているので、ラベル選択のプロセスを可視化できます。しかし、モデルの特徴量は2個に制限されているわけではありません。数十、数百の特徴量を持つことができます。特徴量がグラフに描けないほど多くても、「最近傍」という観念には数学的な意味があります。それどころか、距離の計測方法として使える数学的概念は多数あるので、最近傍分類器はデータセットによってそれらの計測方法を使い分けられます。

たとえば、1章で使ったMNISTという数字画像のデータセットをもう一度取り上げてみましょう。サンプルは0から9までの数字を描いた小さなモノクロの画像で784個の要素を持つベクトルで表現できます。そのため、先ほどの例で個々のサンプルが2次元空間の1個の点だったのと同じように、訓練セットに含まれる個々の数字のサンプルは784次元空間の1個の点です。

完全なMNISTデータセットには6万個の訓練サンプルがあるので、訓練空間は784次元空間にばらまかれた6万個の点から構成されます(正確ではありませんが、それについてはすぐあとで説明します)。また、最近傍モデルを評価するために使える1万個のテストサンプルもあります。私は60,000個の訓練サンプルを全部使って1近傍モデルを訓練し、そのあとでそれぞれ6,000個、600個、60個の訓練サンプルを使った1近傍モデルも訓練しました。訓練セットのサンプル数が60個ということは、1個の数字について約6個のサンプルがあるということです。「約」と言ったのは、訓練セットから無作為に60個を抽出したためで、8個のサンプルがある数字もあれば、3個のサンプルしかない数字もあります。どの場合も、実際にモデルを使ったときの状態に近づけるために、10,000個のテストサンプルをすべて使ってテストしています。

表3-1は、訓練サンプルの個数ごとにモデルの性能をまとめたものです。

表3-1　訓練セットのサイズによる正解率の違い

訓練セットのサイズ	正解率(%)
60,000	97
6,000	94
600	86
60	66

正解率とは、モデルが0から9までの正しい数字のラベルをつけられたテストサンプルの割合のことです。訓練セット全体を使ったモデルは、平均で100回のうち97回正しいラベルをつけられます。訓練セットが1/10のサイズでも、正解率は94%もあります。しかし、訓練サンプルが600個になると(1個の数字について約60個ずつ)、正解率は86%に下がります。訓練セットが数字1個について平均6個ずつになると、正解率はわずか66%まで下がります。

しかし、最近傍法に対する評価を厳しくし過ぎる前に、数字には10個のクラスがあることを思い出しましょう。そのため、ランダム推測で正解できるのは平均で10回に1度であり、正解率は約10%なのです。そこから考えれば、60サンプルのモデルでも、当てずっぽうの6倍もの性能があるということになります。この現象をもう少し掘り下げてみましょう。訓練データが少なくても最近傍モデルが好成績を出せる理由について何らかのヒントが得られるかもしれません。

バスケットボール試合会場(アリーナ)の中央にあなたひとりが座っているところを想像してください。アリーナのどこかに1個の小さなゴミの粒子が浮かんでいます。話を簡単にするために、粒子は動かないものとします。次に、同じ空間に同じような粒子があと59個浮かんでいるところを想像してください。この60個の粒子は訓練セットに含まれる60個の数字のサンプルであり、バスケットアリーナは数字画像データのベクトルが置かれている3次元空間です。

ここで、あなたの鼻の真ん前に新しい粒子が出現したとします。それは新しい数字のベクトルで、そのベクトルがどの数字かを分類しようというわけです。最近傍モデルは、その粒子とラベルがわかっている60個の粒子の距離を計算します。新粒子からもっとも近い粒子は、あなたの視線の先にあるバスケットの縁のすぐ下にあり、距離にして14メートルです。その粒子のラベルは3なので、モデルは3というラベルを返します。もっとも近い粒子が未知の粒子の正しいラベルを表していると考えることに合理性はあるでしょうか。アリーナ全体に浮かんでいる粒子は60個しかないのです。

この問いにきちんと答えるためには、この状況に含まれる2つの競合する条件について考える必要があります。1つは合理性はないと答える理由となるもので、たった60個の粒子でバスケットアリーナの巨大な空間全体を表現できるわけがないということです。訓練セットのデータが少な過ぎれば、アリーナの広大な空間はとても表現できません。これは**次元の呪い**と呼ばれるもので、次元数が増えると（訳注：たとえばコートという2次元からアリーナという3次元に次元数が増えることを想像してみてください）その空間を埋めるために必要なサンプルの数が恐ろしいペースで増えるということです。つまり、空間を表現するために必要な訓練サンプルの数が急速に、もっと正確に言えば指数関数的に増えるということです。次元の呪いは、昔の機械学習の弱点のひとつです。

次元の呪いから考えれば、764次元でサンプル数が60個だけなら、数字を正しく分類できる可能性はないということになります。しかし、私たちの最近傍分類器は機能しています。目が覚めるほど高性能というわけではありませんが、ランダム推測よりはましです。なぜでしょうか？それは、数字画像データセットで異なるクラスのサンプルが互いにどれだけ似ているかと関係があるはずです。5のサンプルはすべて5のように見えます。そうでなければ、それらの画像を5とは認識できません。そのため、数字画像空間自体は784次元もありますが、同じクラスのほとんどの画像は互いに比較的近くにまとまっているはずです。それが2つの競合する条件のなかのもう1つです。つまり、5を表す粒子は互いに近くに固まっていて、おそらくアリーナ内に細い管のような領域が形成されているのです。他のクラスの数字も同じようにまとまっているのでしょう。そのため、最初に次元の呪いについて考えたときに想像したよりも、最近傍サンプルが同じクラスに属する可能性が高いのです。ここから考えると、正しく分類できる可能性は「ない」という答えは、「かならずしもないとは言えない」という答えに引き上げられます。

この効果を数学的に表現すると、数字画像データはデータを表現しているベクトルの784次元よりもかなり低い有効次元を持つ**多様体**に含まれているということです。データがより低次元の多様体に含まれていることが多いということは、その情報を活用できるならありがたいことです。最近傍モデルは、訓練データがモデルなのでその情報を活用しています。本書のあとの部分で畳み込みニューラルネットワークを取り上げるときには、CNNモデルがインプットを表現する新しい方法を学習することを説明しますが、それはデータがまとまっている低次元多様体の表現方法を学習するのと似ています。

しかし、数字画像データセットで最近傍分類器が高い性能を発揮することに大喜びし過ぎる前に、もっと多様な画像を分類するときの現実も見ておきましょう。5万個の小さな32 × 32ピクセルのカラー画像から構成されるCIFAR-10というデータセットがあります。このデータセットは、飛行機、自動車、トラックといった乗り物と犬、猫、鳥といった動物の10種類のクラスに分類されます。個々の画像は3,072個の要素を持つベクトルに展開されるので、分類器は3,072次元空間で画像を分類することになります。最近傍分類器の成績をまとめると、表3-2のようになります。

表3-2　CIFAR-10を最近傍分類器で分類したときの成績

訓練セットのサイズ	正解率（%）
50,000	35.4
5,000	27.1
500	23.3
50	17.5

MNISTのときと同様に、ランダム推測でクラスを割り当てたときの正解率は10%です。私たちの分類器はすべての訓練セットサイズでそれよりも高い成績を出していますが、最高成績は35%ちょっとであり、MNISTで達成できた97%には遠く及びません。このように酔いが覚めるような現実に直面して、機械学習コミュニティの多くの人々は、汎用的な画像分類は自分たちの手には余ると嘆きました。実際にはそのようなことはありませんでしたが、昔の機械学習モデルで汎用的な画像分類に成功するものは現れませんでした。

データはデータ自体の次元よりも低次元の空間にまとまるという多様体の概念で考えると、この結果は意外なことではありません。CIFAR-10は実際のものを写した写真（よく自然画像と呼ばれるもの）から構成されています。自然画像はMNISTの数字画像よりもずっと複雑であり、MNISTよりもずっと高い次元の多様体に含まれている分、分類方法の学習が難しいのです。ありがたいことに、データの本当の次元数は数学的な方法で推定できます。MNISTのデータは784次元空間で表現されていますが、実際に必要な次元は11次元ほどです。それに対し、CIFAR-10の本来の次元は21次元近くであり、MNIST並みの成績を出そうとすれば現状よりもずっと多くの訓練データが必要になります。

現在では、最近傍モデルが使われることはあまりありません。その理由は2つあります。第1に、最近傍モデルは訓練すべきものがないので訓練時間は一瞬ですが、未知のサンプルと個々の訓練セットサンプルの距離を計算しなければならないため、**使うとき**、つまり実際に未知のデータを分類をするときには時間がかかります。計算時間は、訓練セットのサンプル数の2乗に比例して長くなります。訓練データが多ければ多いほど、モデルの性能は上がることが期待されますが、実行時間も長くなります。訓練セットの大きさを2倍にすると、実行時間は4倍になります。

数十年にわたる最近傍分類器研究により、最近傍（またはk近傍）サンプルの検索時間を短縮するためのあらゆる方法が考え出されましたが、訓練サンプル数が増えると分類にかかる時間が延びるということ自体は変わりませんでした。

第2の問題は、すべての古典的機械学習モデルと4章で取り上げる旧来のニューラルネットワークに共通することで、総体的だということです。つまり、インプットのベクトルを部分というもののない全体として解釈するのです。これは多くの場合で適切**ではありません**。たとえば、4は一筆では書きませんし、4と8の違いがはっきりする決定的な部分というものがあります。昔の機械学習モデルは、このような部分の存在や決定的な部分の位置や数を明示的に学習しません。しかし、新しい畳み込みニューラルネットワークは、これらを学習します。

まとめると、最近傍モデルはわかりやすく訓練に時間がかかりませんが、実際に分類するときに時間がかかり、インプットの構造を明示的に理解することができません。では、ギアチェンジして森と木について考えましょう。

＊＊＊＊

未知のサンプルについてのイエス/ノーで答えられる問いによって構成される決定木については1章で簡単に説明しました。ルートノードからスタートし、ノードの問いに対する答えに従って木構造をたどっていきます。回答が「イエス」なら左に1段下り、「ノー」なら右に1段下ります。リーフ(問いのないノード)に達するまで問いに答えたら、未知のサンプルにリーフノードのラベルを与えます。

決定木は決定論的です。つまり、作ったら変わりません。そのため、従来からの決定木アルゴリズムは、同じ訓練セットからは同じ決定木を返します。しかし、決定木はそれほどうまく機能しないことがよくあります。その場合、何らかの対策方法はあるのでしょうか？ あります。さまざまな木による森を作るのです。

しかし、決定木が決定論的なら、木を集めて森にしてもクローンの塊になるだけで同じではないでしょうか。何も工夫しなければそうです。しかし、人間には工夫があります。2000年前後に研究者たちは無作為性を導入すれば、少しずつ異なる木で森を作れることに気づきました。

個々の木には得手不得手がありますが、全体としては1本の木よりも性能が高くなります。**ランダムフォレスト**は、それぞれほかの木とは無作為に異なる決定木を集めたものです。フォレストの予測は、構成する木の予測を組み合わせたものです。ランダムフォレストは集合知を形にしたものです。

分類器を作るために無作為性を導入するというのは、最初はわかりにくいかもしれません。モデルにサンプルXを与えたとき、火曜日にはXはYクラスのメンバーだという答えが返されたのに、土曜日にはXはZクラスのメンバーだという答えが返されるのでは困るでしょう。しかし、ランダムフォレストの無作為性はそのようなものではありません。訓練済みのフォレストにインプットとしてサンプルXを与えれば、アウトプットとして返されるのは今日が2月29日であっても同じクラスです。

ランダムフォレストは、バギング（ブートストラップ法とも言います）、ランダム特徴量選択、アンサンブリングの3つのステップを使って成長させます。バギングとランダム特徴量選択は、1章でも触れた過学習への対策に役立ちます。1本の決定木では過学習が発生しがちです。

これら3つのステップがあいまって決定木の森を育て、木々のアウトプットの組み合わせから全体として（たぶん）よりよい結果を出せる高性能なモデルが生まれます。ただし、性能の向上の代償として説明可能性が失われます。1本の決定木はアウトプットが一連の問いと答えから生成されることを自ら説明してくれますが、数十、数百の決定木のアウトプットを集計すると説明可能性は吹き飛んでしまいます。しかし、多くの場合はそれで問題を感じることはありません。

すでに何度も触れましたが、モデルの調整では訓練セットが鍵を握っています。これはランダムフォレストでも同じで、スタート地点は訓練セットです。決定木を増やして森を育てるときに、既存の訓練セットから個々の木に固有な訓練セットを作るのです。ここでバギングが登場します。

バギングとは、重複ありのランダムサンプリングによってもとのデータセットから新しいデータセットを作ることです。「重複あり」とは、同じ訓練サンプルを何度も選択することがあるし、一度も選択しないこともあるという意味です。統計学では、計測値の境界を知るためにこのテクニックを使います。次に示すテストの得点の例を使ってこれがどういう意味なのかを説明しましょう。

95, 88, 76, 81, 92, 70, 86, 87, 72

テストにおけるクラスの成績の評価方法としては、すべてのスコアの合計をスコアの個数で割って平均スコアを計算するというものがあります。合計は747でスコア数は9なので、平均は83.0です。

これらのテストの得点は、全体として特定のテストに対して得点を生成する神秘的な親プロセスから得たサンプルと考えられます。これはテストの得点の見方としては特殊ですが、機械学習ではデータセットが表すものをこのように考えます。ほかの生徒たちから得られた得点は、このテストの親プロセスから得た別のサンプルと考えられます。多数のクラスからこのようなテストの得点を得れば、本当の平均得点がどれだけなのかについて見当がつきます。少なくとも、平均点が含まれる範囲ぐらいは自信を持って答えられるはずです。

複数の平均点を得るための方法としては、多数のクラスで1回ずつテストを実施するというものもありますが、バギングを使って手持ちの得点のコレクションから新しいデータセットを作ってその平均を計算するというものもあります。テストの得点のコレクションから無作為に値を抽出すれば新しいデータセットが得られます。このとき、特定の値をすでに抽出しているかどうか、まったく抽出されていない値があるかどうかを気にする必要はありません。次に示すのは、そのようにしてブートストラップした（重複可でサンプリングした、つまりバギングした）6個のデータセットです。

1. 86, 87, 87, 76, 81, 81, 88, 70, 95
2. 87, 92, 76, 87, 87, 76, 87, 92, 92
3. 95, 70, 87, 92, 70, 92, 72, 70, 72
4. 88, 86, 87, 70, 81, 72, 86, 95, 70
5. 86, 86, 92, 86, 87, 86, 70, 81, 87
6. 76, 88, 88, 88, 88, 72, 86, 95, 70

それぞれの平均は、83.4、86.2、80.0、81.7、84.6、83.4で、最小値が80.0、最大値が86.2点です。ここから、大多数のサンプルから得られる平均はおおよそこの範囲だと考えても間違ってはいないはずです。

統計学者はこのようにしてバギングを使います。私たちにとって重要な意味を持つのは、下のデータセットから6個の新しいデータセットがブートストラップされたということです。ランダムフォレストを育てるときには、毎回新しい決定木が必要です。そこで、まずバギングを使って新しいデータセットを作り、もとのデータセットではなくそのデータセットを使って決定木を訓練します。6個のデータセットに重複する値がいくつも含まれていることに注意してください。たとえば、第1のデータセットには81と87が2個含まれていますが72は含まれていません。与えられたデータセットからのこのような無作為抽出は、互いに異なるふるまいを示しつつ、もとのデータセットから大きくかけ離れていない決定木を作るために役立ちます。

ランダムフォレストが使う第2のテクニックは、特徴量の無作為な選択です。表3-3の架空のデータセットを使って、何をするのかを説明します。いつもと同じで、各行は正しいクラスラベルがわかっているサンプルを表す特徴量ベクトルです。各列はある特徴量が各サンプルでどのような値になっているかを示します。

表3-3　架空のデータセット

#	x_0	x_1	x_2	x_3	x_4	x_5
1	0.52	0.95	0.81	0.78	0.97	0.36
2	0.89	0.37	0.66	0.55	0.75	0.45
3	0.49	0.98	0.49	0.39	0.42	0.24
4	0.43	0.51	0.90	0.78	0.19	0.22
5	0.51	0.16	0.11	0.48	0.34	0.54
6	0.48	0.99	0.62	0.58	0.72	0.42
7	0.80	0.84	0.72	0.26	0.93	0.23
8	0.50	0.70	0.13	0.35	0.96	0.82
9	0.70	0.54	0.62	0.72	0.14	0.53

さて、このデータセットは何を表しているのでしょうか。私にもわかりません。これは適当にでっち上げたものです。ふざけた回答ですが、データセットが何を表しているかは機械学習モデルにはわかっていないということを思い出すためには役立つはずです。機械学習モデルは背景情報なしで数値を処理します。その数値はピクセルの値なのか、住宅の敷地面積なのか、ある郡の人口10万人あたりの犯罪件数なのかといったことは、機械学習モデルにはどうでもよいことです。どれもただの数字に過ぎません。

この架空のデータセットは9個の特徴量ベクトルから構成され、それぞれの特徴量ベクトルにはx_0からx_5までの6個の特徴量が含まれています。ランダムフォレストの決定木は、6個の特徴量から無作為に選択した特徴量を使います。たとえば、無作為に特徴量x_0、x_4、x_5を選んだとします。表3-4は、この決定木を訓練するために使われるデータセットを示しています。

表3-4　ランダム特徴量選択a

#	x_0	x_4	x_5
1	0.52	0.97	0.36
2	0.89	0.75	0.45
3	0.49	0.42	0.24
4	0.43	0.19	0.22
5	0.51	0.34	0.54
6	0.48	0.72	0.42
7	0.80	0.93	0.23
8	0.50	0.96	0.82
9	0.70	0.14	0.53

ランダムフォレストの個々の決定木は、もとのデータセットからブートストラップされ、さらに特徴量を一部だけに絞ったデータセットを使って訓練されます。ランダムフォレストの決定木を増やすために、訓練のためどのデータを使うかとどの特徴量に注意を払うかで無作為性を二重に使って互いに微妙に異なる木を作っています。

これで森が手に入りましたが、この森をどのように使ったらよいのでしょうか。ここで第3の部品、アンサンブリングの出番がやってきます。音楽では、異なる楽器を演奏する音楽家を集めるとアンサンブルになります。ランダムフォレストも、個々の決定木が異なる楽器を演奏するアンサンブルになっています。

音楽のアンサンブルでは、個々の楽器が奏でる楽音が融合してひとつの音楽になります。ランダムフォレストでも同様に、個々の決定木が生み出したラベルを***k***近傍分類器と同様の投票によって融合し、ひとつのアウトプットを生成します。投票で勝ったラベルがインプットのラベルになります。

たとえば、100本の決定木を持つ訓練済みのランダムフォレストを使ってXというサンプルを分類したい場合、これら100本の木にサンプルXを与えます。個々の決定木はサンプルXの特徴量のどのサブセットを使ってリーフに向かい、ラベルを得るかを知っています。これで100本の決定木から100個のラベルが得られます。100本のうち78本がサンプルXにクラスYのラベルを与えた場合、ランダムフォレストはサンプルXのクラスとしてYを返します。

バギングしたデータセットから無作為に選択した特徴量を木々に与え、得られた結果を投票にかけてアンサンブリングすることがランダムフォレストに力を与えます。アンサンブリングはいかにも魅力的なアイデアではあり、応用範囲は決定木を集めたランダムフォレストに限られません。当然のように同じデータセットで複数のモデルタイプの分類器を訓練し、それらの分類器の予測を何らかの方法でアンサンブリングしてインプットサンプルを分類するという方法が生まれました。個々のモデルには長所、短所があります。それらのモデルを結合すると、それらの長所が融合してアウトプットの品質が上がります。部分よりも全体の方がよくなるのです。

古典的な機械学習モデルとしてもうひとつ、**サポートベクターマシン**（**SVM**）についても見ておきましょう。そのあとでこの章で取り上げた各モデルで分類競争をさせて、それぞれの性能についてのイメージをつかみ、ニューラルネットワークの性能を評価するための基準線を作りましょう。

****

サポートベクターマシンを理解するためには、マージン、サポートベクトル、最適化、カーネルの4つの概念の理解が必要です。使われている数学は数学がわかっている人々から見てもかなり難解ですが、本書では数学を脇において概念的な理解をつかむようにしましょう。

サポートベクターマシンは視覚的に理解するのが一番なので、まずは図3-3のような架空のデータセットを使いましょう。このデータセットはクラスが2つ（円形と正方形）で、各サンプルはx_0とx_1の2次元の特徴量ベクトルで表現されます。

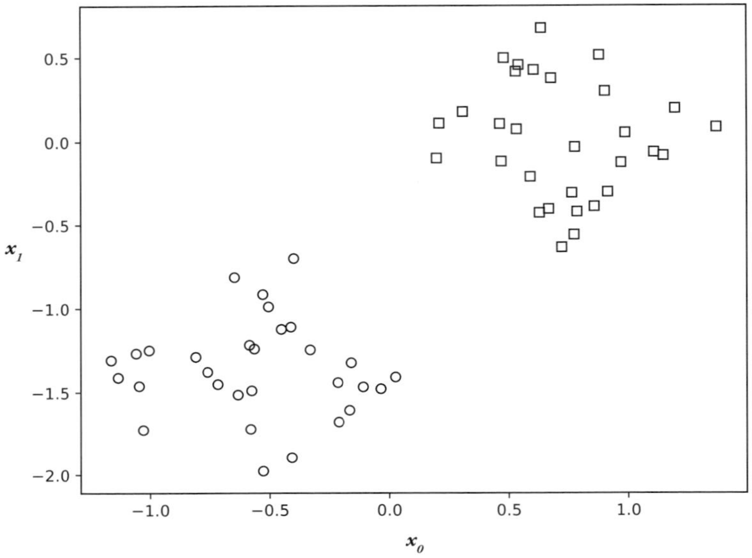

図3-3 x_0とx_1の2次元の特徴量ベクトルを持ち2種類のクラスに分類されるサンプルによるデータセット

このデータセットの分類器がどのようなものかは簡単にわかります。直線を1本引けば、正方形クラスはその右上、円形クラスはその左下にきれいに分かれます。しかし、その直線をどこに引いたらよいのでしょうか。使える直線は無数にあります。たとえば、すべての正方形サンプルのすぐ下に線を引いたとします。訓練セットはその線できれいに分類されます。しかし、この分類器を稼働させたあとで引いた線のすぐ下に位置する正方形クラスのサンプルが与えられると、クラスの分割線よりも下にあるからこれは円形クラスだと分類して間違いを犯すことになります。同様に、すべての円形サンプルのすぐ上に線を引くと、その線の少し上にあるために実際には円形クラスなのに正方形クラスに分類されるサンプルが出てきます。

訓練データからわかる範囲から考えると、各グループからできる限り離れたところに線を引くべきです。ここでマージンという概念が登場します。サポートベクターマシンは、2つのグループの間のマージンを最大化しようとします。つまり、両方のクラスの間にもっとも太い隙間の帯を作ろうとします。最大のマージンが得られたら、そのマージンの中央に分割線を引きます。訓練データに含まれる情報から得られるベストの分類方法がその分割線なのです。

図3-4は、図3-3の訓練データに3本の直線を追加したものです。破線がマージン、太線が両クラスからの距離を最大化する分割線を示しています。分類誤りを最小限に抑えるためにもっともよい位置がこの分割線です。SVMがしていることを一言で言えば、こういうことです。

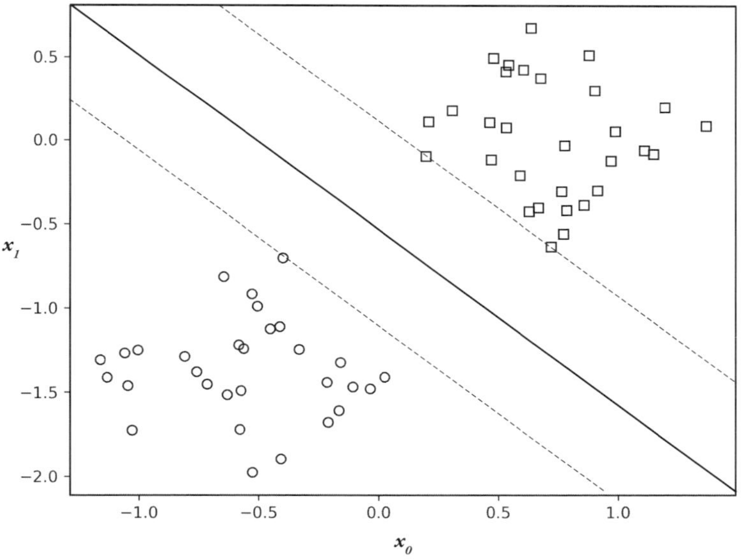

図3-4　最大のマージン（破線）とそれを均等に分割する分割線（太線）

SVMのその他3つの部品（サポートベクトル、最適化、カーネル）は、マージンと分割線を見つけるために使われます。図3-4の破線がいくつかのデータポイントを突き抜けていることに注目してください。これらのデータポイントは、アルゴリズムがマージンを見つけるために使っているサポートベクトルです。これらのサポートベクトルはどこからやってきたのでしょうか。図の点は訓練セットに含まれる各インスタンスの特徴量ベクトルを表していることを思い出してください。サポートベクトルは、最適化アルゴリズムを使って見つけた訓練セットメンバーです。最適化とは、何らかの基準に照らして最高のものを見つけることです。SVMが使っている最適化アルゴリズムは、最大のマージン、ひいては分割線を見つけます。1章では、曲線にデータを適合させるためにある最適化アルゴリズムを使いました。そしてニューラルネットワークの訓練でも、再び最適化アルゴリズムを使います。

あと少しです。まだ取り上げていないSVMの概念はカーネルだけになりました。ここで言うカーネルは、ポップコーンのメーカーやコンピューターのオペレーティングシステムの中心部ではなく、2つのもの（この場合は2つの特徴量ベクトル）を関連づける数学のカーネルでです。図3-4は、訓練データの特徴量ベクトルをそのままの形で使う線形カーネルを使っています。サポートベクターマシンでは2つの特徴量ベクトルを関連づけるカーネルとしてさまざまなものを受け入れますが、もっともよく使われるのは線形カーネルです。特徴量ベクトルの関係が複雑で線形カーネルではうまく分けられないときには、ガウスカーネル（放射基底関数カーネルという長い名前もあります）という別のタイプのカーネルが役に立つことがよくあります。

カーネルは特徴量ベクトルを別の表現に変換します。これは、畳み込みニューラルネットワーク（CNN）を支える発想と同じです。昔の機械学習が長期にわたって迷走している理由の1つは、モデルに与えられるデータがそのままの形では複雑過ぎて、クラスをうまく区別できないことにあります。これは最近傍法の説明で紹介した多様体や本来の次元というアイデアと関連しています。

昔の機械学習を扱っていた技術者たちは、モデルが必要とする特徴量の数を最小限に抑えるためにかなりの努力を重ねてきました。モデルがクラスを区別するために最小限必要なものだけに読み取った特徴量を絞り込むのです。このアプローチを**特徴量選択**とか**次元削減**と呼びます。同様に、サポートベクターマシンでは、カーネルを使って与えられた特徴量ベクトルを新しい表現に変換し、クラスを分類しやすくしました。これらのアプローチは人間が主導する作業です。問題が扱いやすくなることを願って人間が特徴量やカーネルを選んでいたのです。しかし、これから学ぶように、現代の深層学習はデータに含まれている情報の新しい表現を学習するときに、データ自身に語らせるようにしているという違いがあります。

実際のサポートベクターマシンの訓練とは、使っているカーネルのパラメーターとしてよい値を探すことです。先ほどの例のようにカーネルが線形なら、パラメーターは広くCと呼ばれているものだけです。Cは1とか10といった数値で、サポートベクターマシンの性能に影響を与えます。ガウスカーネルを使う場合は、Cのほかにギリシャ文字のγ（ガンマ）で表されるパラメーターがあります。SVM訓練のポイントは、手元のデータセットでもっともよく機能する魔法の値を見つけることです。

モデルが使う魔法の値は、モデルの**ハイパーパラメーター**と呼ばれます。ニューラルネットワークも多数のハイパーパラメーターを持っており、SVMよりたくさんあります。しかし、私の経験では、サポートベクターマシンよりもニューラルネットワーク、特に最近の深層ニューラルネットワークの方がチューニングが簡単なことが多いようです。賛成してくれない人もいるかもしれませんが、私にはそう感じられます。

サポートベクターマシンは数学的に洗練されており、その使い手たちは一連の古いデータ準備テクニックとともに、その洗練性を活用するハイパーパラメーターとカーネルの操作によって、実際のデータで好成績を残す高性能モデルを作ってきました。このプロセスでは、すべてのステップでモデルを組み立てる人間の直観と経験がものを言います。その人の知識と経験が豊富で、データセットがそのようなモデルで扱いやすいものであれば成功するかもしれませんが、成功は決して保証されません。それに対し、深層ニューラルネットワークはばかでかくぎごちない存在で、成功するかどうかは与えられた生データ次第ですが、問題のなかに前提とすることができる知識がわずかしかなくても、データセットのなかにある人間には見抜けない要素を法則化できるという強みがあります。現代のニューラルネットワークが以前ならとても実現不可能だと思われていたことを実現しているのは、多くの場合そのためではないかと私は思っています。

SVMは2クラス分類器で、図3-3のデータセットのようにデータが2つのクラスのどちらに属するかを見分けます。しかし、3つ以上のクラスを区別しなければならない場合もあります。そのような場合、SVMをどう使えばよいのでしょうか。

SVMで多クラス分類問題を解くための方法は2つあります。データセットに10個のクラスがあるものとします。最初に登場したアプローチは、10個のSVMを訓練するというものです。第1のSVMはクラス0とその他9クラスを区別します。同様に第2のSVMはクラス1とその他9クラスを区別します。ほかも同様です。モデルのコレクションを作り、1個のクラスとその他のクラスを区別するモデルをクラスの個数だけ作ります。未知のサンプルを分類するときには、個々のSVMにサンプルを与え、決定関数の値(**指標**)がもっとも大きかったモデルのクラスラベルを返します。SVMは指標を使ってアウトプットに対する自信度を示します。この方法をOVR (One-Versus-Rest) とかOVA (One-Versus-All) と呼び、クラスと同数のSVMを訓練します。

第2の方法はクラスの対ごとに別々のSVMを訓練するOVO (One-Versus-One) です。未知のサンプルを個々のモデルに与え、もっとも頻繁に登場したクラスラベルをそのサンプルに与えます。OVOは、クラスの数が多くなり過ぎると使えなくなります。たとえば、CIFAR-10の10クラスの場合、45個の異なるSVMが必要になります。1,000種類のクラスがあるImageNetデータセットでこのアプローチを試そうとすると、長い時間をかけて499,500種類のSVMを訓練しなければなりません。

サポートベクターマシンは、1990年代から2000年代初頭までの時期に一般的だったコンピューティングパワーには非常に適していました。長い間ニューラルネットワークが顧みられなかったのはそのためです。しかし、深層学習の出現により、SVMを使う理由はほとんどなくなりました(私見です)。

＊＊＊＊

それでは、2022年にジェンズ・N・ラレンサック、アンソニー・ロミリオ、ピーター・L・フォーキンガムの『機械学習による獣脚竜と鳥盤類恐竜の足跡へのアプローチ』*3-1 に掲載された恐竜の足跡の輪郭図のオープンソースデータセットを使ってこの章で取り上げた3つの古典的機械学習モデルを試してみましょう。この足跡画像は、クリエーティブコモンズのCC BY 4.0ライセンスに基づいてリリースされており、適切なクレジットを表示するという条件で再利用が認められています。

図3-5は、データセットのサンプルです。上段は獣脚竜（ティラノサウルス・レックスなど）、下段は鳥盤類恐竜の足跡（カモノハシ竜など）を示しています。モデルが使った画像は図3-5とは逆に黒の背景に白で描かれていて、40×40ピクセルにサイズ変更され、1,600次元のベクトルに展開されています。このデータセットは現代の標準から言えば小規模であり、訓練データが1,336個、テストデータが335個となっています。

図3-5：獣脚竜（上）と鳥盤類恐竜（下）の足跡

私が訓練したのは次のモデルです。

- 最近傍モデル（k = 1, 3, 7）
- 300本の決定木によるランダムフォレスト
- 線形カーネルサポートベクターマシン

＊ 訳注3-1：『A Machine Learning Approach for the Discrimination of Theropod and Ornithischian Dinosaur Tracks』

・ ガウスカーネルサポートベクターマシン

訓練後に、訓練で使っていないテストセットでモデルをテストしました。また、各モデルの訓練にかかった時間と訓練後のモデルのテストにかかった時間も計測しました。訓練後のモデルを使うということは**推論**であり、テストセットで推論時間を計測したということです。

NOTE

本書はプログラミングの本ではありませんが、プログラミング、特にPython言語をご存知の方は、rkneuselbooks@gmail.comに連絡していただければ、データセットとコードをお送りします[*3-2]。

結果をまとめると表3-5のようになります。機械学習プロセスでもっとも重要な評価基準は、当然ながらモデルの性能です。

表3-5 恐竜の足跡の分類

モデル	ACC	MCC	訓練時間	テスト時間
ランダムフォレスト300	83.3	0.65	1.5823	0.0399
ガウスSVM	82.4	0.64	0.9296	0.2579
7近傍法	80.0	0.58	0.0004	0.0412
3近傍法	77.6	0.54	0.0005	0.0437
最近傍法	76.1	0.50	0.0004	0.0395
線形SVM	70.7	0.41	2.8165	0.0007

もっとも左の列は正解率の高い順にモデル名を示しています（300本の決定木によるランダムフォレスト、ガウスカーネルのサポートベクターマシン、7近傍法、3近傍法、最近傍法、線形カーネルのサポートベクターマシン）。

ACC、MCCの列は、機械学習エンジニアがモデルを評価するときの最重要ツールである混同行列（1章参照）から計算される指標です。ここでテストしているような2クラス分類器では、混同行列は獣脚竜のテストサンプルが正しく獣脚竜に分類された回数、鳥盤類恐竜のサ

＊ 訳注3-2：原著者は日本語に対応できないため、連絡する際は英語でメールを送ってください。

ンプルが正しく分類された回数、これらが正しく分類されなかった回数を教えてくれます。

二項分類モデルの混同行列は次のようになります。

	鳥盤類恐竜	獣脚竜
鳥盤類恐竜	TN	FP
獣脚竜	FN	TP

各行はテストセットに書かれている実際のクラスラベル、各列はモデルが判断したクラスラベルを表しています。各セルは、実際のラベルとモデルが返したラベルの組み合わせを示します。恐竜の足跡モデルでは、獣脚類をクラス1の「陽性」クラス、鳥盤類恐竜をクラス0の「陰性」クラスとしています。セルに書かれている文字は、セルに含まれる数値の意味を示す標準的なもので、TNは**真陰性**（True Negative、獣脚竜ではないものを正しく獣脚竜ではないと分類した件数）、TPは**真陽性**（True Positive、獣脚竜を正しく獣脚竜と分類した件数）、FPは**偽陽性**（False Positive、獣脚竜ではないものを獣脚流と分類した件数）、FNは**偽陰性**（False Negative、獣脚竜を獣脚竜ではないと分類した件数）を表します。目標は、TNとTPをできるだけ高くし、FPとFN（分類ミス）をできるだけ低くすることです。

表3-5のACCは正解率、すなわち分類器が正しいラベルを返した割合を示しています。正解率はもっとも自然な指標ですが、いつも最良の指標になるとは限りません。特に、クラスごとのサンプル数が大きく異なる場合には、正解率だけを見るのは危険です。正解率という観点からはランダムフォレストがもっとも高成績で、テスト画像の83%強に正しいラベルをつけています。それに対し、もっとも成績が低いのは線形カーネルのサポートベクターマシンで、テスト画像の71%弱にしか正しいラベルをつけられていません。ランダム推測ではクラスが2つなので50%の割合で正解になります。そのため、線形カーネルのサポートベクターマシンでさえ足跡の画像から何かを学習しているということです。正解率は、混同行列のTP、TNの合計を全部のセ

ルの合計で割った値と定義されます。

表3-5のMCCの列は**マシューズ相関係数**という別の指標で、混同行列の4つの数値を別の方法で組み合わせて計算します。私が分類器の指標として高く評価しているのはこのMCCで、モデルの性能を1個の数値で表す最良の計測値として知られるようになってきています(これらの指標はより高度な深層学習モデルでも使えます)。表3-5はMCCの大きいものから順に並べられていますが、この例ではACCの大きいもの順と偶然同じになっています。2クラス分類モデルの場合、MCCの最低値は-1、最高値は1です。ランダム推測のMCCは0です。MCCが1なら誤りなしです。MCCが-1なら全部誤りです(実際にそのようなことが起きることはありませんが)。私たちの例では、すべての獣脚竜の足跡画像に鳥盤類恐竜のラベルをつけ、すべての鳥盤類恐竜の足跡画像に獣脚竜のラベルをつけた場合ということになります。完璧に間違う分類器があれば、そのアウトプットを反転させれば完全に正しい分類器になります。

訓練時間とテスト時間の欄の単位は秒です。訓練時間欄は、モデルを実際に分類に使う前の訓練にかかった時間を示しています。3つのk近傍モデルは訓練するものがないので、m秒単位のほとんど0と言ってよい時間です。k近傍モデルは、訓練セットそのものだということを思い出してください。データを何らかの形で調整して作るモデルはないのです。

訓練にもっとも時間がかかるモデルは線形カーネルのサポートベクターマシンです。もっと複雑な放射基底関数(RBF)を使ったサポートベクターマシンの訓練時間が線形サポートベクターマシンの1/3ほどになっているのは面白いことです(この違いはコード内でモデルがどのように実装されているかによるものです)。次に訓練に時間がかかるモデルはランダムフォレストです。このフォレストには300本もの決定木が含まれており、それぞれを別々に訓練しなければならないので、これは納得できることです。

テスト時間欄の推論時間は、最近傍法とランダムフォレストでほぼ同じになりました。サポートベクターマシンモデルは遅いもの(ガウスカーネル）と非常に速いもの（線形）に分かれましたが、これも実装の違いを反映したものです。k近傍モデルが訓練よりも推論するときに時間がかかっていることに注意しましょう。これは通常のシナリオ、特にニューラルネットワークとは逆です（後述するように）。一般に、一度だけで済む訓練には時間がかかりますが、推論は高速です。k近傍モデルでは、訓練セットが大きければ大きいほど、推論に時間がかかります。これはk近傍法の大きな弱点です。

この実験から学ぶべきことは主として2つです。1つは古典的なモデルの性能の一般的な理解であり、4章でニューラルネットワークの性能を考えるときの基準線になります。もう1つはこのデータセットでは古典的なモデルでもかなり高い成績を示すことです。これらのモデルの性能は、手作業で恐竜の足跡画像にラベルを与えた人間の専門家（古生物学者たち）と拮抗しています。画像を掲載しているラレンサックらの原論文によれば、人間の専門家の正解率はわずか57%だったそうです。しかも、人間の専門家には、「微妙」というラベルを付けることが認められていました。これはモデルにはない特権です。モデルは「私にはわかりません」という選択肢を持たず、常になんらかのクラスを割り当てています。モデルのなかにはそのような答えを返せるタイプのものもありますが、この章で取り上げた分類モデルはそのような返答には適していません。

＊＊＊＊

古典的モデルはシンボリックAIとコネクショニズムのどちらなのでしょうか。そもそもこれらはAIと言えるのでしょうか。学習しているのか、それとも数学的トリックを弄しているだけなのでしょうか。これらの問に対する私の答えを言っておきましょう。

1章では、AI、機械学習、深層学習は同心円状の関係で、深層学習は機械学習の一形態、機械学習はAIの一形態だと言いました（図1-1参照）。これはほとんどの人々に3つの用語の関係を説明するときには適切であり、2章で説明した歴史にも適合します。このような観点に立てば、この章で説明した古典的モデルはAIの一形態です。

しかし、古典的モデルはシンボリックAIなのかコネクショニズムのAIなのかと尋ねられれば、私はどちらでもないと答えます。これらは論理的な規則や言明を操作するわけではないのでシンボリックAIではなく、単純なユニットを集めたネットワークでデータを操作しながらデータの適切な関係を学習していくわけでもないのでコネクショニズムでもありません。私はこれらのモデルを手の込んだカーブフィッティング（曲線あてはめ）だと考えています。訓練データの特徴をもっともよく表し、本番稼働後にモデルに与えられるデータの特徴も表せそうな関数を生成する最適化プロセスを持っているアルゴリズムのアウトプットということです。

サポートベクターマシンの場合、生成される関数は最適化プロセスの過程で見つけたサポートベクトルによって定義されるモデルの構造を表すものです。決定木の関数は、訓練データを反復的に小さなグループに分割して同じクラスのサンプルだけを含むリーフノードを作り出すためのオーダーメイドのアルゴリズムを表現するものです。ランダムフォレストは、並列実行される決定木関数の集合体にすぎません。

決定木分類器は、ほとんど**遺伝的プログラミング**の一形態だと言ってよいものです。遺伝的プログラミングは、自然淘汰による進化をシミュレートしてプログラムを作っていく手法で、「これは問題解決のよりよい方法か」という問いがより優れた適応に該当します。実際、遺伝的プログラミングは**進化的アルゴリズム**の一種であり、進化的アルゴリズムと**群知能**アルゴリズムは堅牢で汎用性の高い最適化を実現します。そして、進化的アルゴリズムや群知能アルゴリズムをAIだと考える人々もいますが、私はこれらを自分の仕事で頻繁に使っているものの、そうは考えません。群知能は学習しません。群知能は問題の解となり得るものを表す空間を探すものです。

k近傍モデルはもっと単純で、作成すべき関数がありません。そもそも何らかの親プロセス（モデリングしようとしている特徴量ベクトルを作るもの）が生成する可能性のあるデータが**すべて**手元にあるなら、モデルはいりません。特徴量ベクトルの「電話帳」でそのベクトルを検索し、見つかったラベルを返せばよいのです。生成される可能性のあるすべての特徴量ベクトルにラベルがあるので、近似データを探す必要はなく、本番稼働時に与えられる特徴量ベクトルは電話帳にかならず含まれています。

それに対し、*k*近傍モデルは、手元の問題で現れる可能性があるすべての特徴量モデルにアクセスできないときに、訓練データから得られる不完全な電話帳を使ってもっとも近い特徴量ベクトルを返すというものです。

たとえば、人口3,000人の街に住んでおり、電話帳には住民全員の電話番号が掲載されているとします（自分のまわりには電話帳などもうないと言われると困りますが、もしなければあるつもりになってください）。

ノースモ・キングの電話番号が知りたければ、電話帳で「キング」の項目を探し、見つかったら「ノースモ」を探せば電話番号にたどり着けます。しかし、3,000人全員の電話番号ではなく、無作為に選択された300人分の情報しかなかったとすればどうでしょうか。私たちはそれでもノースモ・キングの電話番号（クラスラベル）を知りたいと思っていますが、その番号は電話帳に載っていません。しかし、バーグ・R・キングの電話番号は掲載されています[*3-3]。姓が同じなので、バーグとノースモは親戚かもしれません。そこで、ノースモの電話番号としてバーグの電話番号を返すわけです。当然ながら、より完全な電話帳があれば、探している名前の人かその身内の人が見つかる可能性は高くなります。*k*近傍モデルがしているのは基本的にそういうことです。

****

以上をまとめると、サポートベクターマシン、決定木、ランダムフォレストは、人間が綿密に設計したアルゴリズムに従ってデータから関数を生成します。私に言わせれば、それはシンボリックAIでもコネクショニズムでもなく、曲線あてはめです。そうでなければ、最適化と言っ

＊訳注3-3：ノースモ・キングの原著の綴りはNosmo KingでNo Smokingのダジャレ、バーグ・R・キングの綴りはBurg R. KingでBurger Kingのダジャレでしょう。そのため、Nosmoは本来ならノズモと読むところですが、あえてノースモとしてあります。

た方が正確かもしれません。*k*近傍モデルはもっとひどく、関数さえありません。

これは、AIがまがい物だというわけではなく、AIエンジニアたちがAIを話題にするときに頭に思い描いているものと一般の人々が「人工知能」と考えているものが異なるということです。

しかし、まだ可能性がすべて消えたわけではありません。コネクショニズムの名にふさわしい機械学習モデルがあります。それがニューラルネットワークです。ニューラルネットワークはAI革命の中心であり、実際にデータから学習することができます。そこで、古典的モデルとシンボリックAIは脇において、ニューラルネットワークだけに全力を注ぐことにしましょう。

キーワード

k近傍法、One-Versus-All（OVA）、One-Versus-One（OVO）、One-Versus-Rest（OVR）、遺伝的プログラミング、偽陰性、偽陽性、群知能、サポートベクターマシン（SVM）、次元削減*、次元の呪い、指標、真陰性、進化的アルゴリズム、真陽性、推論、多様体、特徴量選択*、ハイパーパラメーター、バギング、ランダムフォレスト

第4章

ニューラルネットワーク：脳のようなAI

コネクショニズムは知能が出現するような基層を提供することを追求します。今日のコネクショニズムはニューラルネットワークであり、このニューラルは生物学的ニューロンを意識したものです。しかし、そういう名前であっても、両者の関係は表面的なものに過ぎません。生物学的ニューロンと人工**ニューロン**は構成こそ似ていますが、動作のしかたはまったく異なります。

生物学的ニューロンは樹状突起でインプットを受け付け、十分な数のインプットが活性化すると「発火」し、軸索の電圧を短時間スパイクさせます。つまり、生物学的ニューロンはオンになるまではオフだということです。動物が8億年かけて進化する過程でこのプロセスはかなり複雑になりましたが、本質はここにあります。

ニューラルネットワークの人工ニューロンにもインプットとアウトプットがありますが、発火するわけではなく、連続的なふるまいを持つ数学的関数になってます。モデルのなかには生物学的ニューロンのようにスパイクするものがありますが、本書ではその種のものを扱いません。AI革命を起こしたニューラルネットワークは、連続的に動作します。

生物学的ニューロンは電灯のスイッチのようなものだと考えられます。オンになる理由（十分なインプット）が生まれるまではオフのままです。生物学的ニューロンはオンになったらオンのまま留まるわけではなく、スイッチをパチパチせわしなく操作するときのように瞬間的にオンになるとすぐにオフになります。それに対し、人工ニューロンはディマースイッチつきの照明と似ています。スイッチを少し回すと照明が少し明るくなります。もっと回すと、その度合に応じて明るさが上がります。このたとえはすべての点で正確だとは言えませんが、人工ニューロンがオンかオフかの二者択一ではないことは表現できています。ある関数に従い、インプットの大きさに応じてアウトプットを生成します。もやっとした感じの説明かもしれませんが、霧はこの章を読むうちに晴れてくるはずなので、もしこの話が今の時点でよくわからなくても気にしないでください。

＊＊＊＊

図4-1は、本書でもっとも重要な図です。この図は本書でもっとも単純な図のひとつですが、コネクショニズムのアプローチが正しく軌道に乗っていればそれが当然です。図4-1が何を表し、どのように動作するかがわかれば、現代のAIを理解するために必要な正しい知識を持っているということです。

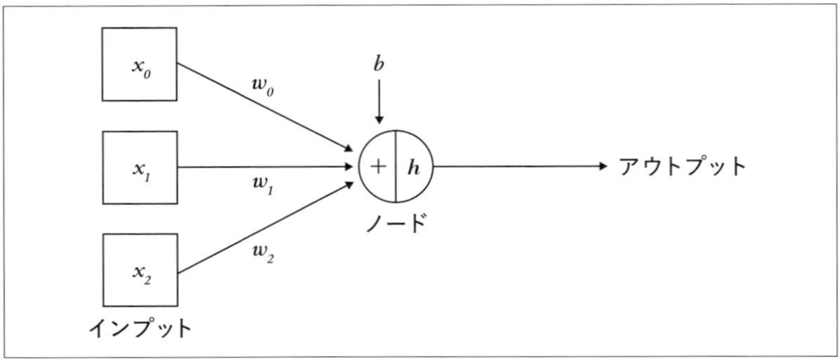

図4-1　人工ニューロン。ごく単純な形をしている

図4-1には、3個の四角、1個の丸、5本の矢印、「x_0」、「アウトプット」のようなラベルがあります。左側の四角から順にこれらをじっくりと見ていきましょう。

ニューラルネットワークを描くときには、左側にインプットを置き、データが右に流れるように描くのが標準となっています。図4-1で、x_0、x_1、x_2というラベルがつけられている3個の四角は、ニューロンのインプットです。これらは特徴量ベクトルの3つの特徴量であり、ニューロンはこれらを処理してアウトプットを生成し、クラスラベルに近づいていきます。

インプットの3個の四角は、それぞれ1本ずつの矢印で丸（ノード）につながっています。矢印についているw_0、w_1、w_2というラベルは重みです。ニューロンにつながっているすべてのインプットには重みが与えられています。それに対し、丸につながっている単独のbはバイアスです。バイアスも、重み、インプットのx_n、アウトプットと同様に数値です。このニューロンは3個の数値を受け付け、1個の数値を生み出して活性化関数に渡します。

hというラベルが付けられた丸は、活性化関数の標準的な記法です。活性化関数の仕事は、重みとバイアスを使った計算の結果を操作してアウトプットすることです。

ニューロンは次のように動作します。

1. すべてのインプットx_0、x_1、x_2にそれぞれの重み$w0$、$w1$、$w2$を掛けます。
2. ステップ1で得られた値と、バイアスbの合計を計算して1個の数値にまとめます。
3. 得られた1個の数値を活性化関数hに与えて得た1個の数値がアウトプットになります。

ニューロンがしているのはこれだけです。インプットと重みを掛け、それらの積を合計してバイアスを加え、得られた和を活性化関数に与えてアウトプットを生成するのです。

現代のAIが達成した偉業の数々の大半は、この原始的な構造物によるものです。十分な数のこのような構造物を正しく配置すると、犬種を見分けたり、車を運転したり、フランス語を英語に翻訳したりするモデルが得られます。もちろん、それは魔法を実現する重みとバイアスがあればの話で、それらの値は訓練によって得られます。これらの値はニューラルネットワークにとって非常に重要なので、Weights & Biasesを社名にしている会社さえあります(https://www.wandb.ai参照)。

活性化関数には複数のものがありますが、現代のニューラルネットワークの大半はReLU(rectified linear unit、正規化線形ユニット、2章参照)を使っています。ReLUは、インプット(インプットと重みの積の合計とバイアスの和)が負数なら0、そうでなければインプット自体をアウトプットとします。

1個のニューロンのような単純なものでも役に立つ仕事をできるのでしょうか? できます。私は、1章で使ったアイリスデータセットの3つの特徴量をインプットとして図4-1のニューロンを訓練する実験をしてみました。このデータセットには、3種類のあやめの4つの計測値が含まれています。訓練後に、未使用の30個のデータがあるテストセットでニューロンをテストしてみたところ、ニューロンは28個のデータを正しく分類しました。正解率93%です。

この場合のニューロンの訓練とは、整数に丸めたときに花のラベルである0、1、2になるようなアウトプットを生成する3個の重みと1個のバイアスの組み合わせを探すことです。これはニューラルネットワークの標準的な訓練方法ではありませんが、ニューロンが1個だけという貧相なニューラルネットワークでもそれなりに機能します。ニューラルネットワークの標準的な訓練方法は、この章のあとの方で説明します。

単純なニューロンでも学習できますが、そういうものに複雑なインプットを与えると困惑させることになります。インプットが複雑なら、もっと複雑なモデルが必要だということです。そこで、私たちの1個のニューロンに仲間を与えてみましょう。

ニューロンは階層的に並べる習慣になっています。前の階層のアウトプットを次の層のインプットとするのです。図4-2を見てください。描かれているのは、インプットの次の層にそれぞれ2個、3個、8個のノードを持つ階層を配置したネットワークです。ネットワークを階層にまとめると、コードの実装が単純化され、標準的な訓練手続きで使いやすくなります。とは言え、モデルを訓練する別の方法が見つけられるなら、ニューロンを階層的に並べなくてもかまいません。

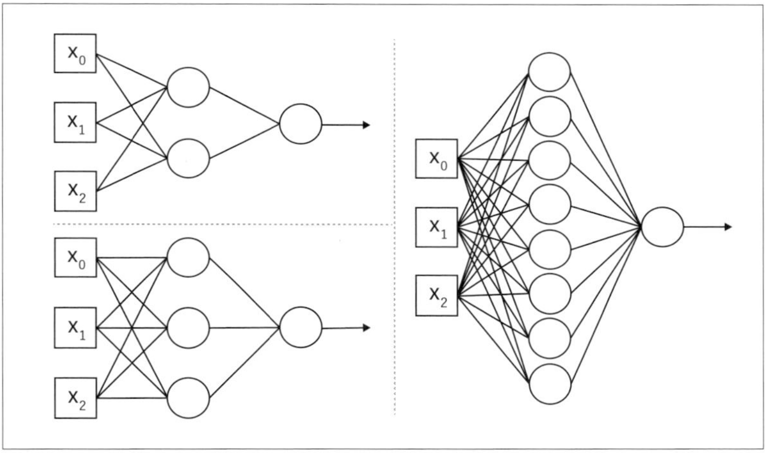

図4-2　それぞれ2個、3個、8個のノードを持つネットワーク

まず、左上に描かれた2個のノードを持つネットワークを見てみましょう。左に3個のインプット（四角）があるのは同じですが、今度は中間の階層に2個の丸があり、右の層に1個の丸があります。インプットは中間層の2個のノードと全結合しています。つまり、インプットの個々の四角は、中間層のすべてのノードとつながっています。そして、中間層のアウトプットは右端の1個のノードに接続され、その右端のノードからネットワークのアウトプットが得られます。

左のインプットと右のアウトプットの間にあるニューラルネットワークの中間層を**隠れ層**と言います。たとえば、図4-2のネットワークはそれぞれ2個、3個、8個のノードを持つ1個の隠れ層を持っています。

インプットがクラス1のメンバーだということをモデルがどの程度確信しているかを示す1個の数値をアウトプットとする2クラス分類器では、この構成のネットワークが適しています。そのため、右端のノードは、先ほどとは異なる**シグモイド**（ロジスティックとも呼ばれます）という活性化関数を使います。シグモイドは0から1までのアウトプットを生成します。これは確率を表すために使われる範囲でもあるので、シグモイド活性化関数を持つノードのアウトプットは確率として扱われることがよくあります。これは一般に正確ではありませんが、大きな問題はありません。隠れ層のノードはすべてReLU活性化関数を使います。

図4-2の2ノードネットワークを実装するために学習しなければならない重みとバイアスはいくつでしょうか。1本の線（アウトプットの矢印を除く）ごとに1個の重み、ノードごとに1個のバイアスが必要なので、8個の重みと3個のバイアスが必要です。図4-2の左下のモデルでは、12個の重みと4個のバイアス、右の8ノードモデルでは、32個の重みと9個のバイアスを学習しなければなりません。各層のノード数が増えると、必要な重みの数は加速度的に増えます。ニューラルネットワークは、この事実だけでも長い間実現不能でした。役に立ちそうなモデルは大きすぎて、1台のコンピューターのメモリーに収まりきらなかったのです。もちろん、モデルのサイズは相対的なものです。OpenAIのGPT-3は1,750億個以上の重みを持っていますが、GPT-4の重みはOpenAI自身の発表ではないものの17,000億個もあると噂されています。

図4-2のモデルを試すためには2クラスのデータセットが必要です。イタリアのある地域でワインを作るために使われるぶどうの2品種を見分けるために作られた古典的なデータセットを使うことにしましょう。残念ながら、データセットが表すワインはもうわからないようです（これは、データセットがいかに古いかということを示しています）。しかし、モデルはラベルの細部を気にしないので（ラベルはただの数値です）、ラベルとしては0と1を使うことにしましょう。

特徴量としては、x_0、x_1、x_2の3個が必要です。私たちが使う特徴量は、アルコール度数（単位%）、リンゴ酸含有量、フェノール類含有量です。目標は、図4-2の3種類のモデルを訓練して、3つの特徴量の計測値がわかっている未知のワインのタイプを見分けるというタスクでそれぞれのモデルがどれだけの性能を示すかを比較することです。

104個のサンプルを持つ訓練セットで2ニューロンモデルを訓練し、26個のサンプルを持つテストセットでテストしました。つまり、正しいラベル（クラス0かクラス1か）がわかっている104個のワインサンプルのアルコール度数、リンゴ酸含有量、フェノール類含有量のデータを使ったということです。訓練セットにより、2ニューロンモデルの8個の重みと2個のバイアスは適切な値に調整されています。訓練の仕組みについてはあとで説明することをお約束しますが、さしあたり今はニューラルネットワークのふるまいを探ることが目的なので、仕組みはともかく訓練と言えることを行ったことにしておきましょう。訓練後のモデルは、テストセットで81%の正解率を達成しました。10件のうち8件以上で正解したということです。モデルが小さく、訓練セットも小規模なことを考えれば、なかなかの健闘だと言えるでしょう。

図4-3は、訓練後の2ニューロンモデルを示したものです。リンクに重み、ノードにバイアスの数値を追加しました。少なくとも一度はこういう数値を見ることに意味があると私は思っています。そしてそれは単純なモデルで見るのが一番です。

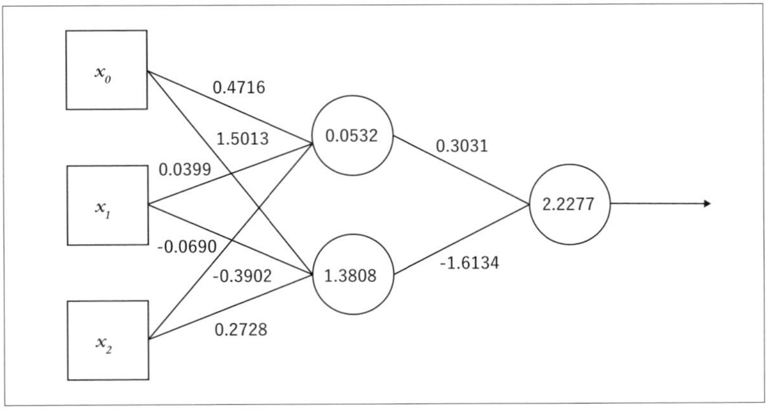

図4-3　ワインデータセットで訓練した2ニューロンモデル

2個のテストサンプルを使って分類のプロセスを見てみましょう。2個のテストサンプルは、それぞれ3個の特徴量(x_0, x_1, x_2)の値である3個の数値から構成されています。

サンプル1　(–0.7359, 0.9795, –0.1333)
サンプル2　(0.0967, –1.2138, –1.0500)

みなさんはここでおや？ と思われたことでしょう。先ほど、特徴量はアルコール度数、リンゴ酸含有量、フェノール類含有量だと言いました。リンゴ酸含有量やフェノール類含有量の計測単位ははっきりしませんが、度数のパーセントはパーセントであり、第1のサンプルのx_0が小さな負数なのは納得がいかないところです。アルコール度数にマイナスの数値はあり得ないはずです。

この疑問に対する答えは**前処理**にあります。機械学習モデルでは、アルコール度数そのもののような未加工のデータが使われることはまずありません。個々の特徴量から訓練セット全体のその特徴量の平均を引き、データがその平均値の周りでどのように散らばっているかの計測値(標準偏差)でその差を割った値を使います。もとのアルコール度数が12.29%というワインとして妥当な値でも、前処理でスケーリングしたあとは–0.7359になります。

それでは、図4-3に示してある学習後の重みとバイアスに基づいてサンプル1を分類してみましょう。上のニューロンに対するインプットは各特徴量に特徴量とニューロンを結ぶ線上の重みを掛けて合計したものです。それにバイアスを加えて得た和が次の層のニューロンに送られます。第1の特徴量からは-0.7359 × 0.4716、第2の特徴量からは0.9795 × 0.0399、第3の特徴量からは–0.1333 × –0.3902でそれにバイアスの0.0532を加えると、合計で-0.2028になります。活性化関数のReLUにはこの値が渡され、負数なので0が返されます。つまり、上のノードからのアウトプットは0です。同じ計算を下のノードで繰り返すと、ReLUのインプットとして0.1720が渡され、正数なのでReLUからは0.1720という同じ値が返されます。

中間層の2つのノードからのアウトプットは、右端の最終ノードへのインプットになります。以前と同じように、2つのノードのアウトプットにそれぞれの重みを掛けて合計し、さらにバイアスを加えた和を活性化関数に渡します。今度の活性化関数はReLUではなくシグモイドです。

上のノードのアウトプットは0、下のノードのアウトプットは0.1720です。これらの値にそれぞれの重みを掛けて合計し、バイアスの2.2277を加えると、1.9502という値が得られます。これをシグモイド活性化関数に渡すと、第1のインプットサンプルに対するネットワークのアウトプットとして0.8755が得られます。

このアウトプットはどのように解釈すべきでしょうか。ここでニューラルネットワークの重要な側面を学ぶことになります。

ニューラルネットワークはインプットの実際のクラスラベルを返すわけではなく、一方のラベルであってもう一方のラベルではないという自信の度合いを返すだけである。

2クラス分類モデルのアウトプットは、インプットがクラス1に属する確率として解釈してよい確信度を返します。確率は0（可能性0）から1（絶対間違いなし）までの数値です。人間は、確率に100を掛けると得られる％値の方がわかりやすく感じます。そこで、ニューラルネットワークは、87％ちょっとの確信度でこのインプットがクラス1のサンプルだと考えていると言ってよいということです。

実際の予測では、しきい値（境界線上の値）でどちらのラベルを返すかを決めます。2クラス分類モデルでは、50％をしきい値にするのが一般的です。アウトプットが50％（確率0.5）よりも大きければ、インプットにクラス1のラベルを与えます。このアウトプットは50％を超えているので、与えるラベルは「クラス1」です。実際にこのサンプルはクラス1なので、ネットワークが与えたラベルは正しいということです。

第2のインプットサンプル、（0.0967, −1.2138, −1.0500）についても同じ計算を繰り返します。計算自体は読者の演習問題としておきましょう。答えを言うと、ネットワークサンプル2に対するアウトプットは0.4883です。つまり、このサンプルがクラス1に属することに対するネットワークの確信度は49%弱だということです。しきい値は50%なので、ラベルはクラス1ではなくクラス0になります。しかし、実際のクラスは1なので、このインスタンスではネットワークは間違っています。ネットワークはクラス1のサンプルにクラス0を与えてしまったのです。残念。

これは役に立つモデルでしょうか。答えは条件次第です。私たちはぶどうの品種によってワインを分類しています。モデルのアウトプットが20%間違っているなら、それは5回に1回間違っていることですが、それは許容範囲でしょうか。おそらく許容範囲外だと思いますが、モデルの正確度はこのレベルで十分というタスクはあるかもしれません。

ニューラルネットワークは、アウトプットの解釈方法をある程度操作できます。たとえば、しきい値を50%以外にすることもできます。たとえば、40%に引き下げるとクラス1のサンプルを本当にクラス1と分類できる確率が上がりますが、クラス0のサンプルをクラス1と誤分類する確率も上がります。つまり、あるタイプの誤りを減らせる代わりに別のタイプの誤りが増えるというトレードオフに直面するのです。

図4-2の別のモデルも検討してみましょう。私は、図4-3のときと同じ訓練、テストセットで図4-2の3種類のモデルをすべて訓練しました。しかも、個々のモデルについて240回ずつ同じことを繰り返しています。平均正解率は次の通りです。

2ノード	81.5%
3ノード	83.6%
8ノード	86.2%

隠れ層のノード数が増えるとともにモデルの性能も上がっています。ノード数が多く、より複雑なモデルの方が訓練セットに含まれている複雑な関連性を学習できるでしょうから、それは直観に合っています。

しかし、新たな疑問も湧いているのではないでしょうか。モデルを240回訓練してそれら240個のモデルの平均を話題にしているのはなぜかということです。ニューラルネットワークを理解する上で重要なことがもう1つあります。

> **ニューラルネットワークは、同じ訓練データを使って繰り返し訓練しても性能の異なるモデルが得られるように、無作為に初期化される。**

「無作為に初期化される」というところには説明が必要です。図4-3をもう一度見てください。ここに書かれた重みとバイアスは、ある1回の訓練で得られたものです。重みとバイアスの初期値は繰り返し更新され、インプットの特徴量ベクトルからアウトプットのラベルを生成する関数がどのようなものであれ、ネットワークは反復のたびによりよい近似値が得られる方向に変化していくということです。私たちがネットワークに求めていることは、この関数を実際に近づけることです。

重みを同じ値に初期化しないのはなぜでしょうか。そうすると重みにデータの同じ特性ばかり学習させることになりますが、それではモデルの性能は下がってしまうので避けたいのです。重みの初期値をすべて0にすれば、モデルは何も学習しません。

反復的なプロセスを機能させるためには、異なる初期値セットが必要なのです。では、初期値はどのようにして選べばよいのでしょうか。これは重要な問いですが、現在の理解のレベルでの答えは「無作為に」です。つまりサイコロを振って個々の重みとバイアスを決めるということです。反復的なプロセスによりこれらの値には磨きがかかり、図4-3に示すような最終的な値に到達するわけです。

しかし、反復的なプロセスはいつも同じところに落ち着くわけではありません。重みとバイアスの無作為な初期値セットが異なれば、ネットワークは異なる結果値セットに収束します。たとえば、図4-3のネットワークは、先ほども触れたように正解率81%を達成しました。同じデータで訓練、テストした同じネットワークが達成した正解率をあと

10個挙げると次のようになります。

89, 85, 73, 81, 81, 81, 81, 85, 85, 85

最高89%から最低73%までの幅があります。個々の訓練セッションの間で変化しているのは、重みとバイアスの初期値コレクションだけです。これはニューラルネットワークで見過ごされがちな問題です。有効性についてのデータを集めるために、また73%バージョンのネットワークのように偶然のいたずらでまずい初期値セットを使ってしまった場合がどれかを理解するために、ネットワークは可能なら複数回訓練すべきです。さらに、このネットワークの正解率に大きな幅があるのは、ネットワークが比較的小規模で重みとバイアスがわずかしかないからだということにも触れておかなければなりません。大規模なニューラルネットワークは、繰り返し訓練してももっと安定した結果を残します。

すでに多くのことを学んだので、学んだ順に復習しておきましょう。

- ニューラルネットワークの基本単位はニューロンであり、これはノードとも呼ばれる。
- ニューロンはインプットに重みを掛け、積を合計し、さらにバイアスを加えた上で、その和を活性化関数に渡してアウトプットの値を生み出す。
- ニューラルネットワークはこのようなニューロンの集合体で、一般的には階層構造にされる。つまり、ある層のアウトプットが次の層のインプットになる。
- ニューラルネットワークの訓練では、無作為に選択された重みとバイアスの初期値セットを反復的に調整して重みとバイアスに値を与える。
- 2クラス分類ニューラルネットワークは、インプットがクラス1に分類される確率におおよそ対応するアウトプットを生成する。

****

ニューラルネットワークとは何でどのように使うかがわかったので、ついにこの問題の最重要ポイントにやってきました。そもそもこの重みとバイアスというものはどこからやってくるのでしょうか。ニューラルネットワークが1980年代にバックプロパゲーションと勾配降下法の2つの重要なアルゴリズムのおかげで大幅に前進したことは2章で説明しました。ニューラルネットワークの訓練の核心はこの2つのアルゴリズムにあります。

何らかの基準に照らして何らかのものの最良の値を見つける最適化のプロセスについては、3章でサポートベクターマシンを扱ったときに説明しました。ニューラルネットワークの訓練も、訓練データにもっともよく適合する重みとバイアスを学習する最適化プロセスです。しかし、学習した重みとバイアスが、特定の訓練データの細部ではなく訓練データ全体の一般的なトレンドに適合するように注意を払わなければなりません。今言ったことの意味は、訓練プロセスについて学ぶうちに明らかになってきます。

一般的な訓練アルゴリズムは次の通りです。

1. 隠れ層の数、層ごとのノード数、活性化関数など、モデルのアーキテクチャーを選択する。
2. 選択したアーキテクチャーに含まれるすべての重みとバイアスを無作為かつインテリジェントに初期化する。
3. 訓練データかそのサブセットをモデルに処理させ、平均誤差を計算する。これが**前進パス**である。
4. バックプロパゲーションを使って個々の重みとバイアスが誤差にどの程度影響を与えているかを明らかにする。
5. 勾配降下アルゴリズムによって重みとバイアスを更新する。前のステップとこのステップが**後退パス**を構成する。
6. ネットワークが「十分優れている」と評価できるところまでステップ

3以降を繰り返す。

以上の6ステップには、重要な用語が多数含まれています。少し時間を割いて、それらの用語の意味をしっかりつかむことにしましょう。この章では、**アーキテクチャー**とはネットワークが使う層、特に隠れ層の数のことです。ニューラルネットワークには、インプットとして特徴量ベクトルが与えられます。ネットワークの個々の隠れ層は全体としてインプットの特徴量ベクトルを受け付けてアウトプットの特徴量ベクトルを生成し、そのアウトプットが次の層のインプットになります。二項分類では、ニューラルネットワーク全体のアウトプット層は0から1までの値を生成する単一のノードです。本書のあとの方で説明するように、これを拡張すると多クラスのアウトプットを生成できます。

アルゴリズムからわかるように、訓練は何度も繰り返される反復的なプロセスです。反復的なプロセスには出発点があります。A地点からB地点まで歩きたいときには、現在の地点から1歩先に足を踏み出します。これが反復的な部分です。A地点は出発点です。ニューラルネットワークの場合、アーキテクチャーには一連の重みとバイアスがあることが織り込まれています。これらの重みやバイアスに与えられる初期値はA地点のようなものであり、訓練は現在地から1歩先に足を踏み出すことです。

アルゴリズムのなかに「平均誤差」という言葉が含まれていますが、誤差とは何でしょうか。これは新しい概念です。重みとバイアスの初期値として何らかの値を選んでも、ネットワークが訓練データを正確に分類できるようにはならないことは直観的にわかるでしょう。ここで思い出したいのは、訓練データのインプットと望ましいアウトプットが何かを私たちが知っていることです。

たとえば、ニューラルネットワークにクラス1に属する訓練サンプル1を入れたところ、たとえば0.44というようなアウトプットが得られたとします。ネットワークの誤差は予想されるアウトプットと実際のアウトプットの差です。この場合は1-0.44で0.56です。優れたモデルならこのサンプルに対して0.97のようなアウトプットを生成するはずで、その場合の誤差はわずか0.03になります。誤差が小さければ小さいほど、モデルはサンプルを正しく分類できます。訓練データのすべてか代表的なサブセットをニューラルネットワークに与えれば、個々の訓練サンプルの誤差を計算し、そこから訓練セット全体の平均誤差を得られます。バックプロパゲーションと勾配降下法が重みとバイアスを更新するために使っているのはこの誤差の値です。

最後に、訓練アルゴリズムはネットワークにデータを与え、誤差を計算し、重みとバイアスを更新して、ネットワークが「十分優れている」状態になるまでそれを繰り返すと言っていますが、十分優れているとは、誤差（**損失**とも呼ばれます）が0に近い状態だとも言えるでしょう。ネットワークがクラス0のすべてのサンプルに対して0を返し、クラス1のすべてのサンプルに対して1を返せば、訓練データでは完全な動作をしているということであり、誤差は0です。それは十分よいことですが注意が必要です。誤差0になっているときには、ネットワークが**過学習**している場合があるのです。過学習とは、データの一般的なトレンドを学ぶのではなく、訓練データのちょっとした癖をいちいち学習してしまい、本番稼働後に未知のインプットに対して使ったときに大した成績が出せないことです。

過学習への対処方法はいくつかありますが、もっとも優れているのはより多くの訓練データを手に入れることです。訓練データは、私たちがモデリングしようとしているプロセスが生成する可能性のあるあらゆるデータの代役です。そのため、訓練データが多ければ多いほど、生成されるデータをより正しく表現できるわけです。これは1章で説明した外挿と内挿の問題です。

しかし、より多くの訓練データを入手することが不可能な場合もあります。過学習対策としては、訓練アルゴリズムに操作を加えて、訓練中にネットワークが訓練データのどうでもよい細部に注意を傾けるのを防げるようにするというものもあります。その種のテクニックのひとつである**重み減衰**のことは耳にしたことがあるかもしれません。これは、ネットワークが重みの値を過度に大きくしたときにネットワークにペナルティを与えるものです。

データ拡張というアプローチもよく使われます。訓練データが足りなくても大丈夫です。データ拡張は、すでにあるデータに若干の変更を加えて新しいデータを生み出します。データ拡張は既存の訓練データに修正を加え、実際の訓練データを作ったプロセスも同じようなものを作ったはずだと思われるような新しいデータを作ります。たとえば、訓練サンプルが犬の写真なら、回転したり、数ピクセル分平行移動したり、左右反転したりしても、犬の写真であることに変わりはありません。こういった変換を加えるたびに、新しい訓練サンプルが作成されます。カンニングのような禁じ手のように見えるかもしれませんが、実際には、データ拡張はネットワークが訓練中に過学習することを防ぐ（**正則化**する）強力な手段です。

ここで長年にわたって重要性が十分評価されてこなかった初期化を簡単に見ておきましょう。

最初のうちは、重みの初期化は0.001とか-0.0056のような「小さな数値を無作為に選ぶ」という程度の意味でした。多くの場合、それでうまく機能したのです。しかし、いつもうまく機能するわけではなく、うまく機能したとしても、ネット枠の挙動はすばらしいものではありませんでした。

深層学習が登場してから少したった頃、研究者たちはもっと原則的な初期化アプローチを探す過程で「無作為に選んだ小さな数値」という観念を再検討しました。このときの研究の成果が今日までニューラルネットワークの初期化方法として使われています。考慮すべき要素は、活性化関数の形態、下（前）の階層からの接続の数（**ファンイン**）、上（次）の階層への接続の数（**ファンアウト**）の3つです。これら3つの要素をすべて使って各層の初期重みを選択する公式が作られました。バイアスは通常0に初期化されます。そのような形で初期化されたネットワークの方が以前の方法で初期化されたネットワークよりも性能が高いことは簡単に示せます。

訓練アルゴリズムのステップでまだ説明できていないのは、バックプロパゲーションと勾配降下法です。勾配降下法はバックプロパゲーションのアウトプットを必要とするのでバックプロパゲーションから説明することが多いのですが、私は、勾配降下法が何をしているのかを理解してからバックプロパゲーションによって得られる足りない部品を補充した方がわかりやすいと考えています。聞き慣れない名前かもしれませんが、両アルゴリズムの本質的な部分はみなさんもすでに理解しているはずです。

＊＊＊＊

あなたは、なだらかな丘の上の広大な草原にいるとします。どうやってそこに来たのでしょうか。頭を振り絞って考えても答えは出てきません。そこで、北側のずっと下の方にある小さな村に行ってみることにします。そこに住む人々なら、何らかの答えをくれるでしょう。しかし、その村に行くための最良のルートはどれでしょうか。

北に向かうとともに低いところに下りようとしているわけですが、土地の起伏も無視できません。かならず高いところから低いところに向かいたいところです。真北には大きな丘があるので、そちらには行けません。北東の方が真北よりも平坦なのでそちらに進むという手はありますが、そうすると傾斜が緩過ぎるので歩く距離が長くなります。そこで、北東よりも傾斜が急なため速いペースで下りられ、北の方にも向かえる北西に進むことにします。そこで、北西に1歩進み、現在地を評価し直して次にどちらに向かうかを決めます。

谷底の村に行くには、現在の位置を検証して北と下に向かうためにもっともよい方向を判断してからその方向に1歩進むという2段階のプロセスを何度も繰り返すのが最良の方法です。うまくいかない場合もあります。小さな谷に入り込んで道を登らなければ出られなくなるようなことがあるのです。しかし、基本的に現在の位置よりも北で下の方に進むことを続けていけば、目標地点に向かって進んでいけます。

勾配降下と呼ばれるこのプロセスに従ってニューラルネットワークの重みとバイアスの初期値を調整していけば、より性能の高いモデルが得られます。つまり、勾配降下法はモデルを訓練するのです。

谷底の村を囲む草原という3次元の世界は、ネットワークのn次元の世界に通じています。このnは、値を学習しようとしている重みとバイアスの合計数です。現在の位置から向かう方向を決めてその方向に進むのが勾配降下法のステップです。勾配降下法のステップを繰り返していけば繰り返していくほど、あなたは村に近づきます。

実際の勾配を下っていくときには谷底の村というもっとも低い場所を目指しますが、ニューラルネットワークの勾配降下は何を最小にしようとしているのでしょうか。それは訓練セットの誤差です。重みとバイアスを調整して、訓練セットの誤差が最小になるようにするのです。

なだらかな丘の上の広大な草原は誤差関数を表しています。現在の位置の重みとバイアスを使って訓練データを分類したときの誤差の平均ということです。そのため、草原の個々の位置は、ネットワークの重みとバイアスの全体セットを表現しているということです。村の位置は、ネットワークが訓練セットを分類したときに誤差が最小になる重みとバイアスのセットです。訓練セットで誤差が最小になるモデルなら、本番稼働して未知のデータを与えたときでも誤差が最小になるだろうというわけです。勾配降下法は、重みとバイアスの空間を動き回って誤差を最小にするためのアルゴリズムです。

勾配降下法は最適化アルゴリズムであり、ニューラルネットワークの訓練とは、何らかの変数群の最良セットを見つける最適化問題だということを改めて教えてくれます。これは正しいことですが、ニューラルネットワークの訓練はその他の最適化問題とは少し異なるということも事実です。先ほども触れたように、訓練セットで誤差が最小になることはかならずしも目標になりません。目標は、未知のインプットに対してもっとも汎化するモデルです。過学習は避けたいのです。それがどういうことかということについては、この章のあとの方でビジュアルに示します。

勾配降下法は、誤差関数の線上を動き回ります。日常用語としての勾配とは、道路の傾斜や色彩グラデーション（ある色から別の色へのスムーズな変化）のような何らかのものの変化のことです。数学的には、勾配とはある点における曲線の傾斜の多次元的な表現です。勾配がもっとも急な方向に進めば、最大傾斜への移動になります。曲線上の一点における傾斜は勾配の表現として効果的であり、そうすれば傾斜のことだけを考えられます。

図4-4の曲線には、4つの異なる点で接線となる直線が描かれています。直線が示しているのは、それぞれの点での曲線の傾斜です。傾斜は、点の近所で関数の値がどれだけ急激に変化しているかを教えてくれます。線の傾斜が急であればあるほど、x軸上を移動したときの関数の値の変化は大きくなります。

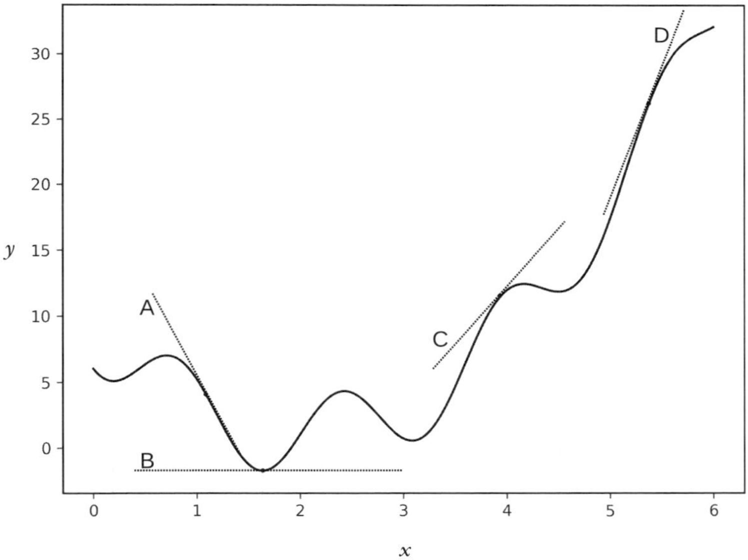

図4-4　さまざまな点での傾斜が描かれた曲線

直線Bは、曲線のもっとも低い位置を示しています。これが**大域的最小値**であり、最適化アルゴリズムが探している点です。この点での接線が完全に水平線になっていることに注意してください。数学的には、これは直線Bの傾斜が0だという意味です。関数の最小値（および最大値）では傾斜が0になります。

直線Bが接している点は大域的な最小値ですが、この図にはほかにも3つの最小値が描かれています。これら3つは**局所的最小値**であり、これらの点での接線も傾斜0です。最適化アルゴリズムは、このような局所的な最小値で満足せず、大域的な最小値を見つけるようにしたいところです。

直線Aは急傾斜で大域的な最小値の方を指しています。そこで、直線Aが曲線に接している点にいるなら、直線Aが示している方向に進んでいけば大域的最小値に向かって最短距離で移動できます。しかも、ここでの傾斜は急なので、下方向に大きく進めます。

直線Cの傾斜も急ですが、x軸の3のすぐ右にある局所的最小値に向かっています。勾配の下り方だけを知っている勾配降下アルゴリズムでは、局所的最小値を見つけたときにそこで止まってしまいます。x軸の4と5の間の局所的最小値に向かっている直線Dにも同じことが言えます。

図4-4から学ぶべきことは何でしょうか。まず第1に、勾配降下法は、ある一点から勾配または傾斜を下りていくことです。この図では曲線は1次元なので、その一点はx座標の値だけで決まります。勾配降下法は、その位置での傾斜の値を使って移動方向と歩幅（傾斜の傾きが急なら大きくなります）を選びます。傾斜が急なら、最小値に近い新しいx座標に移動したときに大きく下に進めます。傾斜が緩やかなら、1歩で下がれる高さはわずかになります。

たとえば、初期状態で直線Aが曲線に接している点にいたとします。曲線が急なので、大域的最小値に向かって大きく下がれます。1歩進んだらまた傾斜を見渡しますが、今度は新しいx座標での傾斜になります。その傾斜を使って次の1歩を歩み、傾斜が0になる点に到達するまで歩き続けます。そこが最小値なので歩みを止めます。

このように1次元であれば、各点で傾斜は1つしかないので、方向は1つの値だけで決められて簡単です。しかし、開けた広大な草原ではどの点でも向かうべき方向は無限にあり、北の低地に進むために役立つ方向は多数あります。それでも、それらの方向のなかで勾配がもっとも急な向きを選べば、目的地にもっとも早く到達できるので、私たちはそちらに向かって1歩進みます。これを繰り返し、勾配がもっとも急な方向を選んで下りていけば、多次元でも1次元のときと同様に最短移動を実現できます。

図4-5は、2次元の勾配降下法を表しています。この図は等高線図になっています。掘り下げられて中華鍋のような形にへこんだ露天掘り鉱山を想像してみてください。色の薄い部分ほど底に近くなっていますが、傾斜も緩やかになっています。

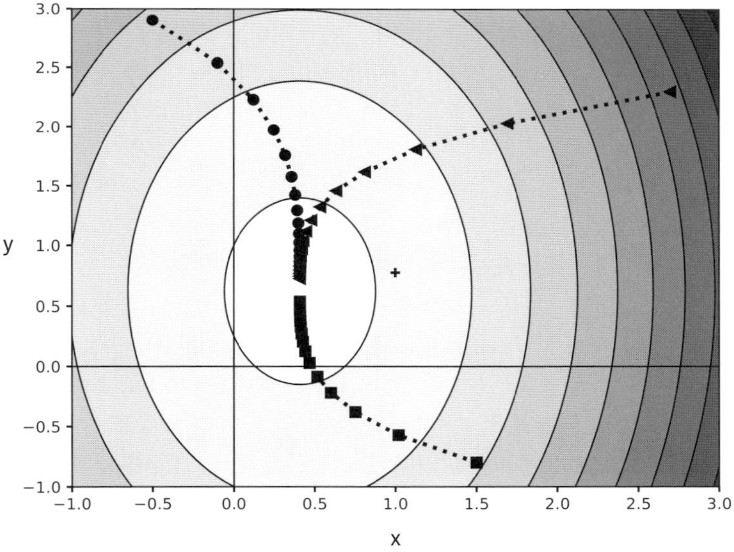

図4-5　2次元の勾配降下法

図には、異なる出発点から勾配降下法に従って進んでいった道筋が3本（丸、四角、三角）描かれています。初期状態では傾斜が急なので1歩で大きく進めていますが、最低点に近づいて傾斜が緩やかになると、1歩で進める距離は短くなります。出発点がどこであっても、勾配降下法に従えば最低点に到達できます。

1次元と2次元で勾配降下法を説明したのは、プロセスを可視化できるからです。しかし、これでアルゴリズムが理解できたので、高いところから低いところに向かっていくときにはいつでも（可視化できない場合でも）このアルゴリズムが使えます。実は、ニューラルネットワークの訓練が行っているのはこれだけです。重みとバイアスの初期セットは、n次元空間における1個の出発点に過ぎません。勾配降下法は、初期位置から最小値に向かってもっとも勾配が急な道を通って前進します。n次元空間内の新しい位置は、勾配の傾斜に基づいて前の重みとバイアスのセットから導き出された新しい重みとバイアスのセットです。勾配が非常に緩やかになったら、ネットワークは訓練済みだと考え、勝利宣言をして重みとバイアスを固定します。

勾配降下法は傾斜、すなわち勾配の値に依存していますが、その勾配はどこから生まれるのでしょうか。勾配降下法は損失関数、すなわちニューラルネットワークが生み出す誤差を最小化します。訓練セットで生まれた誤差は、ニューラルネットワークの個々の重みとバイアスの関数です。勾配は、個々の重みとバイアスが誤差全体にどれだけ影響を及ぼしたかを表します。

たとえば、ネットワークが訓練セットに対して犯した誤りから得られるネットワークの誤差に重み3（3というラベルがつけられた重み）がどの程度の影響を及ぼしているかがわかっているものとします。その場合、勾配の傾斜を操作すればほかの重みとバイアスは変えずに重み3の値を変えられます。勾配の傾斜にステップサイズを掛けると、重み3の現在の値からどれだけの値を引けばよいかがわかります。重み3からその値を引くと、傾斜の下の方に移動します。ネットワークのすべての重みとバイアスで同じ計算を繰り返すと、n次元空間における1歩を踏み出せます。訓練中に勾配降下法が行っているのはこういうことです。

バックプロパゲーションは、個々の重みとバイアスごとにこの勾配の傾斜を求めるためのアルゴリズムです。数学にはあるものの変化が別のものの変化にどれだけの影響を及ぼすかを教えてくれる微分学という分野がありますが、バックプロパゲーションはこの微分計算の有名な規則を応用したものです。微分学の対象の例としては速度が挙げられます。速度は、同じ時間で移動できる距離を示します。これは時速何kmというような速度の単位からもわかります。バックプロパゲーションは、重みやバイアスの値の変更によりネットワークの誤差がどれだけ変わるかを表す「速度」を教えてくれます。勾配降下法はこの「速度」に**学習率**というスケーリングファクターを掛けて、ネットワークのn個の重みとバイアスによって表現されるn次元空間内での次の位置に進みます。

たとえば、図4-2のなかで一番「大きい」ネットワークは32個の重みと9個のバイアスを持っています。そのため、勾配降下法でネットワークを訓練するということは、41次元空間を動き回って、訓練セット全体の平均誤差が最小になるような41個の重みとバイアスの値を見つけるということです。

このアルゴリズムを「バックプロパゲーション」すなわち「誤差逆伝播法」と呼ぶのは、ネットワークのアウトプット層からスタートしてインプット層に向かって階層ごとに個々の重みとバイアスの変更「速度」を計算するからです。つまり、後ろの層から前の層に誤差を伝えるためにネットワークを逆方向に進むのです。

覚えておくべきことは次のようにまとめられます。

> 勾配降下法は、バックプロパゲーションが教えてくれる勾配の向きを使って反復的に重みとバイアスを更新し、訓練セット全体に対するニューラルネットワークの誤差を最小化する。

ひとことで言えば、ニューラルネットワークの訓練とはこういうことです。

＊＊＊＊

バックプロパゲーションと勾配降下法でニューラルネットワークを訓練できるのは、まぐれ当たり的な幸運というところがあります。本来ならうまくいくはずがないのです。バックプロパゲーションをともなう勾配降下法は**一次**最適化のアプローチです。一次最適化が効果的なのは単純な関数ですが、ニューラルネットワークの誤差曲面はとても単純とは言えません。しかし、運命の女神が微笑んでくれたおかげで、勾配降下法は機能しますし、どちらかというとよく機能します。誤差関数の局所的最小値はどれもほぼ同じで、どこかで局所的最小値につかまって外に出られなくなってもそれで困らないことがわかっているということ以上に、数学的に厳密な説明はありません。

これとは別の実証的な説明もありますが、それを理解するためには訓練プロセスについてもっと学ばなければなりません。私がこの章の前の方で説明した6ステップの訓練アルゴリズムには、訓練セットかそのサブセットをネットワークに与え、「十分優れている」状態になるまで繰り返すという部分が含まれています。このステップで行われていることをもう少し詳しく説明しましょう。

訓練データのネットワーク通過をパスと言い、前進パスのあと後退パスが行われて図4-5で示したような勾配降下法の1ステップが実行されます。訓練セットが小規模なら、前進パスですべての訓練データが使われ、すべての訓練データが勾配降下法で使われて次にどこに1歩進むかが決められます。往復のパスで訓練データを全部使うことを1**エポック**と呼びます。前進パスと後退パスですべての訓練データを使うと、1エポックで1回分の勾配降下ステップが得られることになります。

現代の機械学習で使われているデータセットは巨大なものが多いので、毎回の勾配降下ステップで訓練データ全体を使うのでは計算量が大きくなり過ぎて現実的ではありません。そこでデータ全体から無作為に小規模なサブセットを選択して（これを**ミニバッチ**と言います）、それを使って前進パスと後進パスを行います。ミニバッチを使うと、勾配降下法を行っているときの計算のオーバーヘッドが大幅に削減され、1エポックで多数のステップを進められます。しかも、ミニバッチ勾配降下法には、「本来ならこのアプローチではうまくいくはずがない」問題の克服に役立つというもうひとつのメリットがあります。

ネットワークが犯した誤差を表現する数学関数がわかっているとします。その場合、数世紀も前から使われている微積分のテクニックを使って、個々の重みとバイアスがその誤差にどの程度影響を与えているかを正確に求められます。勾配を下るための1歩を踏み出そうとするたびに、最良の方向がわかります。しかし、世の中はそううまくはできていません。誤差関数の数学的形態はわからない（わかるような形態はないでしょう）ので、訓練データを使って近いものを探すことになります。誤差の判定のために使う訓練データが多ければ多いほど、近いものが得られます。それなら、毎回の勾配降下ステップですべての訓練データを使えばよいということになるでしょうが、多くの場合、それでは計算のオーバーヘッドが高くなり過ぎることがすでにわかっています。

個々の勾配降下ステップでミニバッチを使うのは、この問題に対する妥協の産物です。これで計算のオーバーヘッドは下がりますが、勾配を表現するために使えるデータポイントが減る分、実際の勾配をうまく表現できなくなります。何かを無作為に選択しているときには「確率的」という単語が前につきます。そこで、ミニバッチを使った訓練は、**確率的勾配降下法**と呼ばれます。現代のほぼすべてのAIは、標準的な訓練アプローチとしてさまざまな形態の確率的勾配降下法を使っています。

確率的勾配降下法は、一見負けが決まった戦いのように感じられます。この方法なら確かに宇宙の熱的死までに多数の勾配降下ステップを計算できるでしょうが、勾配の精度が低いため、誤差空間のなかで間違った方向に進んでしまうでしょう。それでよいのでしょうか。

ここで運命の女神が人類に向かってもう一度微笑んでくれます。彼女は、局所的最小値をどれも同じぐらいに揃えて一次最適化の勾配降下法で複雑なモデルを訓練できるようにしてくれただけでなく、訓練プロセスの初期段階で局所的最小値を避けるために確率的勾配降下法から得た「間違った」向きが役立つようにしてくれたのです。つまり、真北に向かうべきところで少し西よりに進んでも、それは大規模なニューラルネットワークを訓練するために役立つ間違いなのです。

＊＊＊＊

以上で次の章に進むための準備は整いましたが、その前にこの旧来のニューラルネットワークで恐竜の足跡データセットの分類をしてみましょう。そして、その結果を3章の古典的機械学習モデルの結果と比較してみるのです。

まず、アーキテクチャーを選ぶ必要があります。つまり、隠れ層の数、層あたりのノード数、各ノードの活性化関数のタイプです。恐竜の足跡データセットには、鳥盤類恐竜（クラス0）と獣脚竜（クラス1）の2つのクラスがあります。そこで、アウトプットノードはシグモイド活性化関数を使ってクラス1のメンバーである確率を返します。ネットワークのアウトプットは、インプット画像が獣脚竜である確率を推定します。確率が50%以上ならインプットにクラス1のラベルを与え、そうでなければクラス0のラベルを与えます。隠れ層の活性化関数としては、この章のすべてのモデルと同様にReLUを使います。あとは隠れ層の数と各層のノード数です。

恐竜の足跡データセットの訓練データは、1,336個です。これは小規模ですしデータ拡張も使わないので、小さいモデルが必要です。層とノードの数が多い大規模なモデルは、大規模な訓練セットを必要とします。小さな訓練セットしかなければ、大規模モデルでは学習する重みやバイアス値が多過ぎるのです。そういうわけで、恐竜の足跡データセットでは、隠れ層はせいぜい2個以下にすべきです。隠れ層のノード数はどうでしょうか。第1の隠れ層はごくわずかからインプットの1600（40 × 40ピクセル）の2倍までの間で選べます。第2の隠れ層を作る場合には、第1の隠れ層のノード数の半分以下にします。

まず、1層と2層のさまざまなアーキテクチャーを訓練してみましょう。次に、それらのなかで性能の高いものを100回訓練して、平均性能を求めます。表4-1は、試してみたモデルの成績をまとめたものです。

表4-1　恐竜の足跡データセットで試してみたアーキテクチャー

正解率 (%)	アーキテクチャー	重みとバイアス
59.4	10	16,021
77.0	400	640,801
76.7	800	1,281,601
81.2	2,400	3,844,801
75.8	100, 50	165,201
81.2	800, 100	1,361,001
77.9	2,400, 800	5,764,001

ノード数が10の1個の隠れ層によるネットワークは最悪で、正解率は約60%でした。コイン投げしかしない2クラス分類器でも正解率は約50%になるので、10ノードネットワークは偶然に任せるよりもほんのちょっとよい結果を出せるだけです。それでは使い物になりません。ほかのネットワークは70%台後半から80%以上の正解率を出しました。

太字にしてある2つのモデルは、正解率81%をわずかに超えました。第1のモデルは、2,400ノードの1個の隠れ層を使っています。第2のモデルは、800ノードの第1隠れ層と100ノードの第2隠れ層を使っています。これら2個のモデルはテストセットに対して同じ正解率を示しましたが、2,400ノードモデルの重みとバイアスは2階層モデルの3倍近いので、2階層モデルを採用することにします（なお、表4-1の結果は1回の訓練セッションの結果で、多数のセッションの平均ではないことに注意してください。これはすぐあとで修正します）。

小さい方を選んだといっても、2階層モデルはまだかなり大規模です。恐竜の足跡画像を正しく分類するために、1,400万個のパラメーターを学習してモデルを調整しようとしています。訓練データが1,336個しかない訓練セットのために学習するパラメーター数としては多すぎます。全結合ニューラルネットワークは、必要なパラメーター数とともに急速に大きくなります。このテーマについては、5章で畳み込みニューラルネットワークを取り上げるときにもう一度考えます。

これでアーキテクチャーは決まりました。ノード数がそれぞれ800

と100でReLU活性化関数を使う2個の隠れ層の後ろに、シグモイド活性化関数を使ってクラス1に属する確率を返す1個のノードが続く形です。足跡データセットでモデルを100回訓練したところ、平均正解率は77.4%、最低正解率は69.3%、最高正解率は81.5%になりました。3章の表3-5にこの結果を追加すると、表4-2のようになります。

表4-2　恐竜の足跡の分類

モデル	正解率(%)
RF300	83.3
RBF SVM	82.4
7-NN	80.0
3-NN	77.6
MLP	77.4
1-NN	76.1
Linear SVM	70.7

RF300は300本の決定木によるランダムフォレスト、SVMはサポートベクターマシン、NNはニューラルネットワークと紛らわしいですが***k***近傍法の分類器です。ニューラルネットワークの略号としてはNNではなく**MLP**(**多層パーセプトロン**)を使っています。多層パーセプトロンは、この章で説明してきた旧来のニューラルネットワークの古い名前ですが、今でも一般に使われている名前です。1950年代末のローゼンブラットのオリジナルパーセプトロンとのつながりを主張しているわけです。

このデータセットでは、私たちのニューラルネットワークは最高成績を出せませんでした。それどころか、性能の低い方に入ってしまっています。ちょっとした工夫によってこのリストでのランクを1、2段階上げることはできるでしょうが、私の経験ではこの程度の成績に落ち着いてしまうことはごく普通のことです。それが深層学習革命以前のニューラルネットワークに対する特筆すべきことのない平凡なモデルという低評価につながっていたのです。

＊＊＊＊

この章では、現代のニューラルネットワークを支える基本概念を紹介しました。本書のこれからの部分は、この基礎の上に組み立てられていきます。この章で覚えておきたいことをまとめておきましょう。

- ニューラルネットワークは複数のインプットを受け付け、アウトプットとして1個の数字を生成するノード（ニューロン）を集めたものである。
- ニューラルネットワークは現在の層のアウトプットが次の層のインプットになるという形で階層構造にまとめられることが多い。
- ニューラルネットワークは無作為に初期化されるため、訓練を繰り返すと性能の異なるモデルが生まれる。
- ニューラルネットワークは、バックプロパゲーションによって与えられる勾配の向きを使って重みとバイアスを反復的に更新する勾配降下法によって訓練される。

次章では、深層学習革命を先導したアーキテクチャーである畳み込みニューラルネットワークについて学びましょう。この章は私たちを2000年代初めの水準に引き上げてくれましたが、次章は2012年以降に突入します。

キーワード

アーキテクチャー、エポック、シグモイド、データ拡張、ニューロン、ノード、バイアス、バックプロパゲーション*、ミニバッチ、隠れ層、過学習、確率的勾配降下法、学習率、活性化関数、局所的最小値、後退パス、勾配降下法、重み、正規化線形ユニット（ReLU）、正則化、前処理、前進パス、損失、多層パーセプトロン、大域的最小値

第5章

畳み込みニューラルネットワーク：見ることを学習するAI

昔の機械学習モデルは適切な特徴量の選択、特徴量ベクトルの次元、インプットに固有な構造の学習能力欠如といった問題に悩まされていました。**畳み込みニューラルネットワーク**（**Convolutional Neural Network, CNN**）は、インプットの新しい表現の生成を学習しながら、同時にインプットを分類する**エンドツーエンド学習**によってこれらの問題を克服します。CNNは2章で触れた表現を学習するデータプロセッサーです。

CNNの要素は、ローゼンブラットのパーセプトロンから始まるニューラルネットワークの歴史のさまざまな時期に登場していますが、深層学習革命の先触れとなるアーキテクチャーは1998年に発表されました。しかし、2012年のAlexNetの登場によりCNNの威力が完全に解き放たれるためには、10年分以上の計算能力の向上が必要でした。

畳み込みニューラルネットワークは、インプットの構造を活用します。今言ったことの意味は、この章を読み進めるうちによく理解できるようになるはずです。1次元CNNでは、インプットは時間とともに変化する値、すなわち時系列データです。2次元CNNでは、インプットは画像です。MRI画像やLiDARポイントクラウドのような3次元データを解釈する3次元CNNもあります。この章では、2次元CNNだけを取り上げていきます。

旧来のニューラルネットワークでは、特徴量が与えられる順序には特別な意味はありませんでした。モデルに特徴量を与えるときに(x_0, x_1, x_2)という形で与えても(x_2, x_1, x_0)という形で与えても、モデルは特徴量が独立していて相互の間に関係がないことを前提としているため、学習することは同じだったのです。それどころか、旧来の機械学習モデルはピクセルとその近隣のピクセルで値に強い相関関係があることを嫌い、そのようなインプットで成功を収められないことが何年にもわたってニューラルネットワークの発展を阻害してきました。

畳み込みニューラルネットワークは、従来とは対照的に、インプットのなかにある構造を活用します。CNNにとっては、インプットを(x_0, x_1, x_2)という形で与えるか(x_2, x_1, x_0)という形で与えるかは大きな違いです。モデルは前者からは多くを学び、後者からは多くを学べません。これは短所ではなく長所です。CNNは、インプット内に分類のために役立つ学習すべき構造があるときに使うべきものだからです。

この章のあとの方では、動物と乗り物の小さな写真（3章で使ったCIFAR-10データセット）の分類で旧来のニューラルネットワークとCNNの性能を比較します。構造の活用の本当の威力はそのときにわかりますが、ここでもちょっとした実験をしてみましょう。ここに2つのデータセットがあります。1つは古きよき友である数字画像のMNISTデータセットです。もう1つは同じ数字画像のコレクションですが、画像内のピクセルの順序を変えたものです。ただし、この順序変更は無作為ではなく同じ方法に従っており、たとえば(1, 12)の位置のピクセルはかならず(26, 13)に移動しています。ほかのピクセルについても同じことが当てはまります。図5-1は、MNISTの数字画像とそのピクセル順序変更後の画像の例を示したものです。

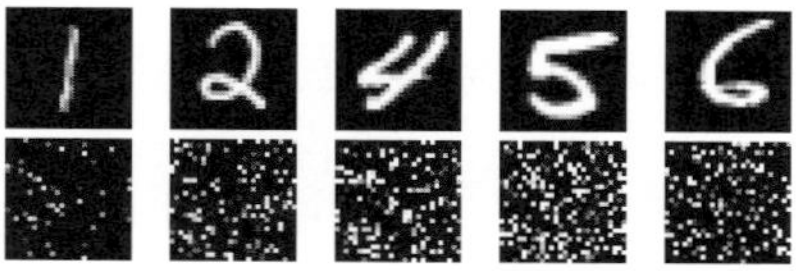

図5-1　MNISTの数字画像の例（上）とその画像のピクセル順序変更後の画像（下）

私には、ピクセル順序変更後の画像は理解不能です。でも、もとの画像とピクセル順序変更後の画像のピクセル情報は同じです。つまり、どちらも同じ値のピクセルを集めたものになっていますが、変更後の画像からは構造が失われています。そのため、もう数字を見分けられなくなっているわけです。私が言いたいのは、旧来のニューラルネットワークはインプットを総体として扱っており、構造を探そうとはしないということです。それが正しければ、旧来のニューラルネットワークは、数字のピクセル順序が変わっていることを無視します。もとの画像を与えられてもピクセル順序変更後の画像を与えられても、学習することは同じです。実際に起きているのはまさにその通りのことです。モデルはどちらでも同程度のことを学習します。ピクセル順序変更によって性能に変化はありません。ただし、ピクセル順序変更後の数字画像は、ピクセル順序変更後の画像で訓練したモデルでテストしなければなりません。訓練のときに使ったデータセットとテストのときに使ったデータセットが異なるモデルが機能すると思ったら大間違いです。

今の段階でCNNについて知っていることは、CNNがインプットの構造に注意を払うということだけです。その知識をもとに考えたとき、ピクセル順序変更後のデータセットで訓練したCNNは、もとのデータセットで訓練したCNNと同等の性能を出せるでしょうか。私たちがピクセル順序変更後の数字を解釈できないのは、画像の局所的な構造が破壊されているからです。同じように局所的な構造を活用するモデルは、ピクセル順序変更後の数字画像を解釈できなくなっているのではないでしょうか。それで正解です。ピクセル順序変更後のデータセットで訓練したCNNは、もとのデータセットで訓練したCNNよりも性能が低くなります。

私たちがピクセル順序変更後の数字を容易に解釈できないのはなぜでしょうか。その問いに答えるために、まず、ものを見たときに脳で何が起きているかを探ってみましょう。そして、そのプロセスとCNNがしていることの関係を明らかにします。そこからわかるように、CNNは郷に入っては郷に従えという古い格言に従っています。

＊＊＊＊

フィンセント・ファン・ゴッホは私の大好きな画家です。彼のスタイルのある部分、精神の不調に悩む人が生み出した奇妙に平和な部分が私に何かを語りかけてくるのです。彼の作品が投げかけてくる平和な感じは、自身の内部の動揺を鎮めようという彼の思いを反映していると思います。

図5-2を見てください。これは、1889年に描かれた『アルルの寝室』というゴッホの有名な作品です。ゴッホの配色の妙に対する許しがたい暴挙ですが、印刷上の制約のためにやむを得ずモノクロで掲載しています。

図5-2　ゴッホのアルルの寝室（1889年、パブリックドメイン）

この絵には何が描かれているでしょうか。お尋ねしているのは絵の意味や印象についての高度な話ではなく、客観的に絵にどのようなものが含まれているかということです。私の答えは、ベッド、2脚の椅子、小さなテーブル、窓、テーブルの上のピッチャーなどです。あなたに見えるものも同じでしょう。ベッド、2脚の椅子、テーブルといったものです。しかし、これらはどのような仕組みで見えたのでしょうか。画像から光の粒子である光子が目に飛び込んできて、それが脳内で別々のものに変換されたのです。では、どのようにして変換されたのでしょうか。

私は矢継ぎ早に問いを投げかけてきましたが、まだ答えを言っていません。しかし、これには2つの真っ当な理由があります。1つは、画像を意味のあるものの集まりに分割するという問題を深く考えようとすると、考える側に労力がかかることです。もう1つは、この「どのようにして」に対する完全な答えはまだ誰も知らないことです。ただし、神経科学者たちはプロセスの最初の部分を解明しています。

私たちは、ある情景を見て、それを別々の物体に分解し、それらの物体が何なのかを識別するという能力を当たり前のように思っています。私たちにとって、この作業は労力がかからず、完全に自動的です。しかし、だまされてはなりません。私たちは数億年をかけた進化の受益者です。哺乳類の場合、視覚は目で始まりますが、その分割、理解は後頭部にある一次視覚野で始まります。

一次視覚野(V1)は、境界線と境界線の向きを感じ取ります。ここからは、視覚が目ではなく脳のなかでどのように働くかの手がかりが得られます。脳は感じ取ったインプットを受け取り、たわませた形でVIに展開し、境界線を探すとともにその向きを明らかにします。V1は色も感知します。V1には視野全体が展開されます(といっても強弱があり、V1の大半は視野の中央2%ほどに占有されますが)。そのため、境界線の検出、その向きの判定、色の検出は発生位置の情報をともなうものになっています。

V1はV2に検出したものを送り、V2は検出したものをV3に送ります。それがV5まで続きます。各領域は、視野に含まれるより大きなもの、より多くの要素の集合体となっているものの表現を受け取ります。プロセスはV1で始まり、最終的に目が見たものを完全に分解し、理解できた表現を送り出します。先ほども触れたように、V1よりもあとの部分の詳細は不明ですが、私たちの目的では、V1が境界線、境界線の向き、色(質感を含める場合もあります)を感じ取ることを覚えておけば十分です。ポイントは、単純なところからスタートし、視界にある別々のものをグループにまとめていくことです。CNNはこのプロセスを真似しています。CNNはインプットに含まれる世界を見ることを学習すると言っても間違いではないでしょう。

CNNはインプットを小さな部品に分解し、それらの部品をグループにまとめ、さらに部品のグループのグループというより大きなものにまとめます。最終的には、1つの全体だった入力を新しい表現に変換します。それはモデルの頂点に配置される旧来のニューラルネットワークが理解しやすい表現ということです。しかし、インプットを新しいより理解しやすい表現に変換すると言っても、その新しい表現が**私たち**にとってより理解しやすいものだというわけではありません。

畳み込みニューラルネットワークは、訓練中にインプットを部品に分解することを学習し、ネットワークの上位階層が正しく分類できるようにします。言い換えれば、CNNはインプットの新しい表現を学習し、その新しい表現を分類します。実際、この章の初期草稿のタイトルは「古い表現からの新しい表現の学習」でした。

では、CNNはインプットをどのようにして部品に分解するのでしょうか。この問いに答えるためには、まず「畳み込みニューラルネットワーク」の「畳み込み」の部分を理解しなければなりません。低水準の細かい話をするので、そのつもりでいてください。

＊＊＊＊

畳み込みは、積分を使った正式な定義を持つ数学演算です。ありがたいことに、デジタル画像では畳み込みは乗算と加算しか使わない単純な演算になっています。畳み込みは、**カーネル**と呼ばれる小さな四角形を画像の上から下、左から右にずらしていきます。カーネルを置いた個々の位置で、四角形のなかのピクセル値と対応するカーネルの値を掛けます。このようにして得た積の総和を計算して1個の値にまとめると、それがその位置のピクセル値になります。言葉ではこれ以上うまく説明できないので、図を使いましょう。図5-3を見てください。

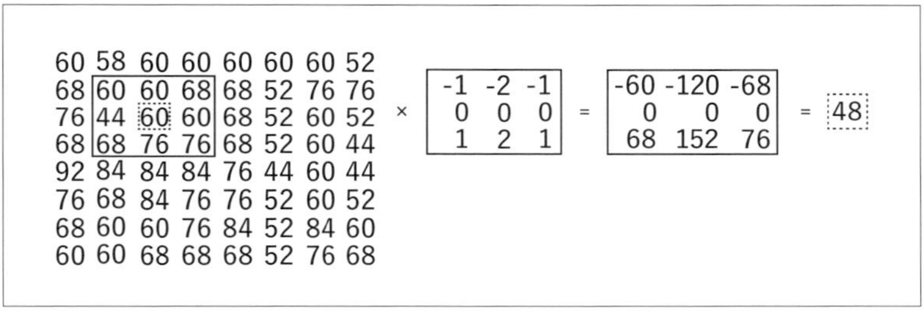

図5-3　画像上でのカーネルの畳み込み

図のもっとも左には8×8の数値が表示されています。これらは図5-4の画像の中央部分のピクセル値です。グレースケールの画像の値は一般に0から255までであり、数値が小さいほど黒に近くなります。カーネルは、その右にある3×3の数値です。畳み込み処理は、まず左側の枠で囲まれた部分の個々の値と同じ位置にあるカーネルの値を掛けます。掛けた結果は、太い枠で囲まれたその右の3×3の数値になります。最後のステップでは、これら9個の数値を合計して1個の数値、48にします。出力画像の中央の値(60)はこの値(48)に置き換えられます。

畳み込み処理は、3×3のボックスを1ピクセル右にずらして同じことを続けます。ボックスが右端に達すると、1ピクセル下にボックスをずらし、次の行でも同じことを繰り返します。カーネルが画像全体を処理するまでこれを各行で繰り返します。畳み込み処理を受けた画像は、新しいアウトプットピクセルのコレクションになります。

最初は畳み込みがしていることは奇妙に感じられるかもしれません。しかし、デジタル画像では畳み込みは基本演算なのです。適切に定義されたカーネルを使うと、画像をフィルタリングしてさまざまな形に拡張できます。たとえば、図5-4には4個の画像が含まれています。左上はもとの画像で、イギリスのシャフツベリー村のゴールドヒルの写真です。ほかの3枚はもとの画像をフィルタリングしたものです。右上から時計回りに説明すると、もとの画像をぼかしたもの、横向きの境界線を示したもの、縦向きの境界線を示したものです。どの画像も、先ほど説明したようなカーネルの畳み込みによって作られています。図5-3のカーネルは、右下の横向きの境界線を生成します。これを90度回転させて作ったカーネルは、左下の縦向きの境界線を生成します。カーネルのすべての値を1にすると、右上のぼかした画像が得られます。なお、境界線を検出した結果は、境界線が白ではなく黒で表示されるように反転してあります。

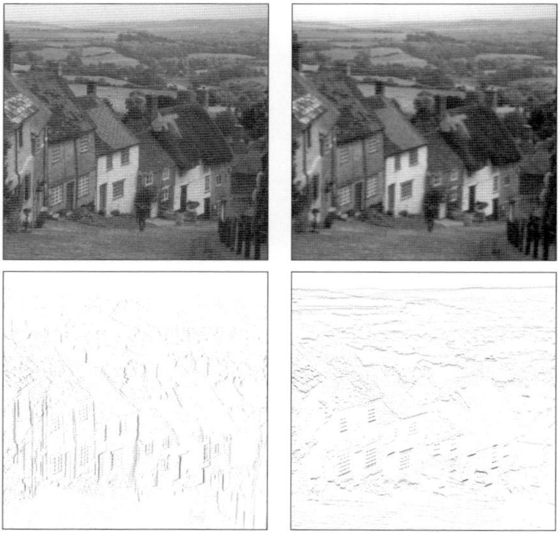

図5-4　畳み込みの結果

覚えておきたい重要ポイントは、異なるカーネルで画像を畳み込むと、画像の異なる側面が強調されることです。適切なカーネルセットを使えば、画像を正しく分類するために重要な意味を持つ構造を抽出できるということは容易に想像できます。CNNが訓練全体でしているのはまさにこれであり、人間の一次視覚野のさまざまな領域が境界線、向き、色、質感を検出するときにしているのもこれに近いものです。

これで1歩前進しました。CNNを支える演算である畳み込みの手がかりが得られたわけです。それではもう1歩先に進んで、構造を抽出し、インプットの新しい表現を構築するためにモデルのなかで畳み込みがどのように使われているのかを学びましょう。

****

4章で説明した旧来のニューラルネットワークは同じタイプの階層から構成されていました。それは、下位層からのインプットを受け付けて上位層のためのアウトプットを生成する全結合ノードです。畳み込みニューラルネットワークはもっと柔軟で、さまざまなタイプの階層をサポートします。それでも、データの流れは同じです。インプット層から隠れ層をいくつか通過してネットワーク全体のアウトプットを生み出します。

CNNの用語では、旧来のニューラルネットワークが使っている全結合層は**密層**（**Dence Layer**）とも呼ばれます。CNNは一般にアウトプット近くの上位層で密層を使います。そこに達するまでにネットワークはインプットから新しい表現を作っており、その表現を使えば全結合層は適切に分類できるわけです。CNNは畳み込み層とプーリング層を多用します。

畳み込み層はインプットに対してカーネルのコレクションを適用し、図5-4で左上の1個のインプット画像からその他の3個のアウトプット画像を作り出したのと同じように、さまざまなアウトプットを作ります。訓練中のカーネルは、4章で説明したのと同じバックプロパゲーションと勾配降下法で学習します。学習したカーネルの値は畳み込み層の重みになります。

プーリング層は重みを持ちません。学ぶべきものはないということです。プーリング層は、インプットに対して決まった操作を行います。2×2の四角形を重なり合わない形で左から右にずらし、右端に達したら同じように重なり合わないように下にずらして、四角形内の最大値だけを残すことにより、インプットの空間的なサイズを縮小します。このようにして、最終的に画像のサイズを縦横とも1/2ずつに縮小します。図5-5は、8×8のインプットを4×4のアウトプットに縮小する過程を示しています。四角形で囲まれた4つの数値のなかの最大値だけがアウトプットされていることがわかります。プーリング層は、ネットワークのパラメーター数を減らすための妥協の形です。

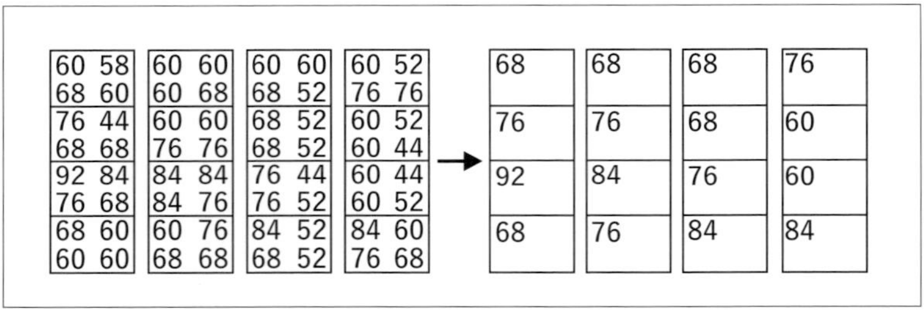

図5-5　プーリングによってデータの空間的なサイズを縮小する

典型的なCNNは畳み込み層とプーリング層を結合したものを何度か通過した上で、最後に1、2個の密層で分類します。畳み込み層と密層のあとで通常はReLU層も使われます。たとえば、LeNetという古典的なCNNアーキテクチャーは次の階層から構成されています。

インプット

↓

畳み込み層(6)、ReLU

↓

プーリング層

↓

畳み込み層(16)、ReLU

↓

プーリング層

↓

畳み込み層(120)、ReLU

↓

密層(84)、ReLU

↓

アウトプット

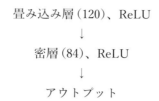

LeNetは3個の畳み込み層、2個のプーリング層、84ノードの1個の密層を使っています。個々の畳み込み層と密層の後ろには、負のインプットを0に変え、正のインプットをそのままアウトプットするReLU層が続いています。

畳み込み層のかっこ内の数値は、その層で学習する**フィルター**の数を表しています。フィルターは畳み込みカーネルのコレクションで、カーネルはインプットチャネルごとに1つずつです。たとえば、第1の畳み込み層は6個のフィルターを学習します。インプットは1チャネルのグレースケール画像なので、この層は6個のカーネルを学習します。第2の畳み込み層は16個のフィルターを学習し、フィルターはそれぞれ6個のカーネルを持ちます。最初の畳み込み層から送られてくる6個のインプットチャネルごとに1個のカーネルということです。そのため、第2の畳み込み層は全部で96個のカーネルを学習します。最後の畳み込み層は、それぞれ16個のカーネルを持つ120個のフィルターを学習します。新たに1,920個のカーネルが学習されるわけです。これらを合計すると、LeNetモデルは2,022種類の畳み込みカーネルを学習するということになります。

これだけ多くのカーネルを学習すれば、インプットに含まれる構造物の重要な要素を捉えたアウトプットのシーケンス(連なり)が生成されるでしょう。訓練が成功したら、最後の畳み込み層のアウトプット、すなわち密層のインプットのベクトルには、画像だけを使ったときよりもクラスを明確に区別する値が含まれているはずです。

面倒なところに入り込んでしまった感じがするならその通りです。しかし、これ以上は掘り下げないことにします。この本で説明する内容としてはもっとも難しいところまで来てしまったのです。しかし、畳み込みと畳み込み層のことを理解していなければCNNの仕組みは理解できないので、ここまで踏み込まざるを得なかったのです。

おそらく、CNNの階層が行っていることを理解するための最良の方法は、ネットワークを通過したデータがどうなったかを見てみることです。図5-6は、MNISTの数字画像で訓練したLeNetモデルが2個のインプット画像をどのように処理しているかを示しています。中央の6個の画像は第1畳み込み層のアウトプットで、グレーは0、それよりも濃い色は負数、明るい色は正数を表しています。第1畳み込み層の6個のカーネルは、それぞれ1個のインプット画像に対して1個のアウトプット画像を生成します。カーネルは、黒い色から白い色への遷移という形でインプットの異なる部分を強調しています。

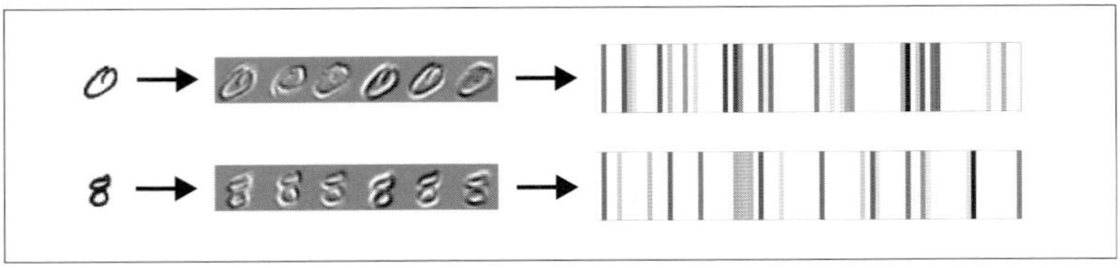

図5-6　インプットから最初の畳み込み層を経て密層に至るまでの変化

右端のバーコード風のパターンは、密層のアウトプットの表現です。この図は第2、第3の畳み込み層のアウトプットを省略して直接モデルの最後を示しているということです。密層のアウトプットは84個の数値から構成されるベクトルです。図5-6では、これらの数値を縦線の色に変換しています。値が大きければ大きいほど縦線の色は濃くなります。

数字の0と8とでバーコードが異なることに注意してください。モデルをうまく学習させられれば、同じ数字に対する密層のアウトプットのバーコードには共通点が生まれるはずです。つまり、0のバーコード同士はおおよそ似た形になり、8のバーコード同士もおおよそ似た形になるはずです。実際はどうでしょうか？ 図5-7を見てください。

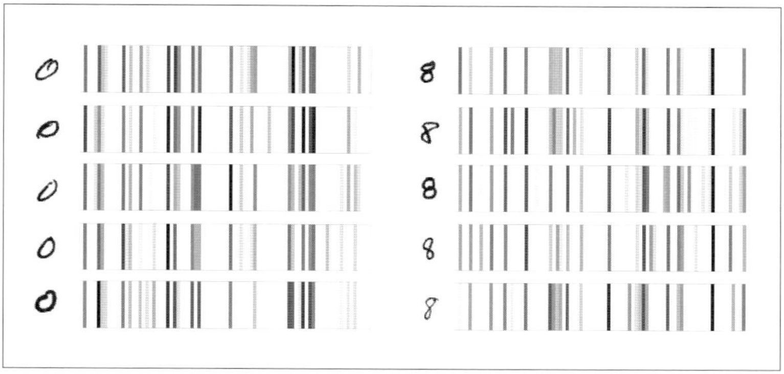

図5-7　サンプルインプットと対応する密層のアウトプット

この図は、5個ずつの0と8の画像に対する密層のアウトプットを示しています。バーコードはすべて異なりますが、同じ数字のバーコードの間には共通の類似点があります。類似性は特に0の画像で顕著です。LeNetモデルは、28×28ピクセルの個々のインプット画像（784ピクセル）を数字の種類ごとに強い類似性を持つ84個の数値のベクトルに変換する方法を学習しました。旧来のニューラルネットワークを経験した私たちは、この変換により、もとの画像よりも次元が低いのに数字の違いがかえってはっきり出た表現が得られたことを高く評価したいと思います。学習した低次元のベクトルは、少数の単語を選んで複雑な概念をうまく説明できたときの表現とよく似ています。私たちがCNNに望むことはまさにそれです。訓練したモデルは、小さなグレースケール画像として表現された手書きの数字の世界の「見方」を学習したのです。しかも、画像がグレースケールであることに特別な意味はありません。CNNは、RGB（赤緑青）の3チャネルで表現されたカラー画像やもっとチャネル数の多いマルチスペクトル衛星画像でも問題なく機能します。

このモデルは次のように考えられるでしょう。「密層の前のCNN層はインプットの画像からアウトプットのベクトルを計算する関数として機能し、本当の分類器はもっとも上にある密層だが、CNNは分類器(密層)の学習と同時に変換関数の学習も行っているのでうまく機能する」

以前、CNNの上位層は下位層よりもインプットの大きな部分に注意を払っていると言いました。これは、あとの方の層のカーネルのアプトプットにインプットのどれだけの部分が影響を与えるかを考えれば納得できます。図5-8はこれを描いたものです。

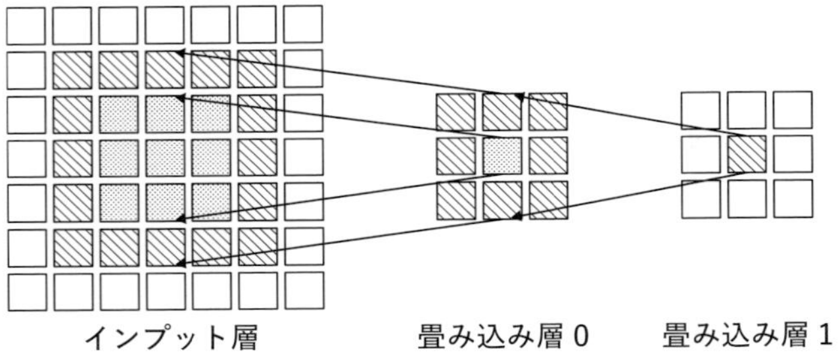

図5-8　モデルのあとの方の層に影響を与えるインプットの部分

もっとも右の畳み込み層1から見ていきましょう。3行3列に並べられた四角形は、畳み込み層1のカーネルのアウトプットを表しています。このなかの模様入りピクセルの値に影響を与えたのがインプットのどの部分かを明らかにしましょう。中央の畳み込み層0を見ると、畳み込み層1の斜線模様のピクセルの値は前の層の3行3列(9個)の模様入りピクセルの値によって決まっていることがわかります。

畳み込み層0の9個の模様入りピクセルの値は、インプットの5行5列の模様入りピクセルの値によって決まっています。なぜ5行5列なのかというと、インプットの5行5列の領域内で3×3のカーネルを8回ずらして9個の値を得ているからです。たとえば、畳み込み層0の中央の点々のセルはインプットの9個の点々のセルから計算されています。CNNの上位の畳み込み層は、このようにしてインプットのより広い部分から影響を受けます。これを専門用語で**有効受容野**と言います。

図5-8の畳み込み層1の模様入りピクセルの有効受容野は、インプットの5×5の模様入りの領域です。

****

それではここで実験をしてみましょう。私たちはCNNがどのように機能するのかの手がかりをつかみました。この知識を使って旧来のニューラルネットワークと畳み込みニューラルネットワークを比較してみましょう。どちらが勝つでしょうか？ 答えはもちろんおわかりでしょうが、それを実際に証明して、その過程で新たな経験を積んでいきたいと思います。

実験にはデータセットが必要です。ここではグレースケール版のCIFAR-10を使おうと思います。前の2章で使ってきた恐竜の足跡データセットは質感と背景のない輪郭線だけだったので、CNNを使っても学習できることは旧来のニューラルネットワークモデルと大差がありません。それに対し、3章で学んだように、CIFAR-10には動物と乗り物の32×32ピクセルの画像が含まれています。こちらの方が難しい素材であり、CNNの特長を知る素材として適しています。

ここでは、ランダムフォレスト、旧来のニューラルネットワーク、畳み込みニューラルネットワークの3種類のモデルを訓練します。これで十分なのでしょうか。今までに学んできたように、これら3種類のモデルはいずれも無作為性を含んでおり、一度の訓練だけではそれぞれのモデルの性能を公平に評価できません。初期化や決定木の組み合わせがたまたままずかったために、3つのモデルのどれかを捨ててしまうようなことになってしまいます。そこで、各モデルを10回ずつ訓練して、結果の平均を取ることにしましょう。

この実験はモデルの間での性能の違いを理解するために役立ちますが、訓練の進展にともなう誤差の変化を追跡することによってニューラルネットワークの性質について新たな発見が得られます。実験結果はすぐあとでグラフの形で示し、簡単な説明を加えますが、その前にまずモデルの詳細を説明しておきましょう。

使う訓練セットとデータセットはどのモデルでも同じです。旧来のニューラルネットワークとランダムフォレストは入力がベクトルでなければならないので、32 × 32ピクセルの画像を1,024個の数字によるベクトルに展開しています。CNNには、もともとの2次元画像の形のインプットを与えられます。訓練セットには50,000枚の画像が含まれており、10個のクラスごとに5,000枚ずつです。テストセットには10,000枚の画像が含まれており、各クラス1,000枚ずつです。

ランダムフォレストは300本の決定木を使います。旧来のニューラルネットワークにはそれぞれ512ノードと100ノードの2個の隠れ層が含まれています。CNNはもっと複雑で、4個の畳み込み層と2個のプーリング層、472ノードの1個の密層を持っています。CNNは階層の数こそ多くなっていますが、学習する重みとバイアスの数は、旧来のニューラルネットワークとほとんど同じです（CNNは577,014、旧来のニューラルネットワークは577,110）。

2つのニューラルネットワークは100エポックにわたって訓練します。つまり、訓練セット全体を100回処理するということです。ミニバッチサイズを200枚に固定しているため、1エポックあたり250回の勾配降下ステップを実行することになります。そのため、訓練中にネットワークの重みとバイアスを25,000回更新することになります。各エポック終了後、訓練セットとテストセットの両方でモデルが犯した誤差を計測します。テスト終了後に1枚のグラフを描くと、知りたいことがすべてわかります。

図5-9がそのグラフです。

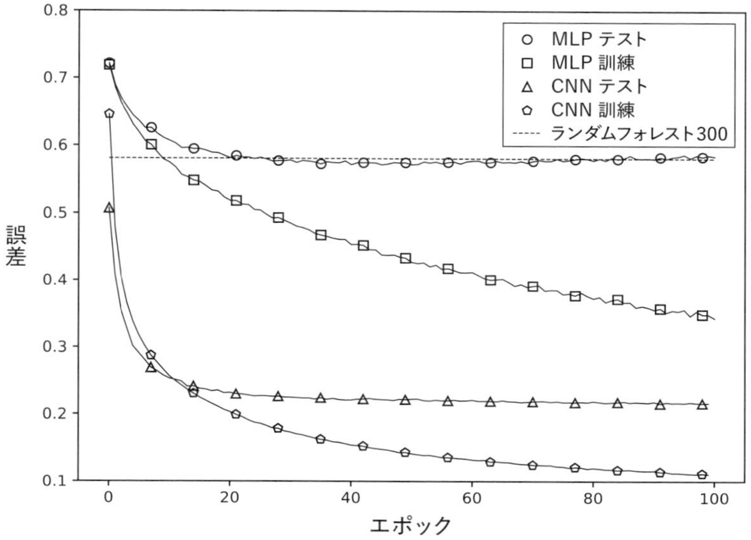

図5-9　CNN、MLP、ランダムフォレストによるCIFAR-10の分類の成績

x軸のラベルは「エポック」となっていますが、これは訓練セットを全部処理した回数を表します。そのため、このグラフは各エポック終了後の結果の変化を示すものになっています。先ほども触れたように、各エポックで250回ずつの勾配降下ステップを実行しています。y軸のラベルは「誤差」で0.1から0.8までの範囲になっています。この軸は、モデルが分類ミスした訓練/テストサンプルの割合を表しています。誤差が低ければ低いほどよいということになります。0.1というラベルは10%、0.8というラベルは80%という意味です。

右上の凡例は、円形と四角形がMLP、すなわち旧来のニューラルネットワーク（MultiLayer Perceptron、多層パーセプトロン）で、三角形と五角形がCNNを表すことを示しています。円形と三角形はそれぞれモデルの訓練にともなうMLPとCNNのテストセットの誤差の推移、四角形と五角形はモデルの訓練にともなうMLPとCNNの訓練セットの誤差の推移を表しています。復習になりますが、モデルの訓練セットでの性能は重みとバイアスの更新のために使われているのに対し、テストセットは評価のために使われているだけでモデルの訓練には影響を与えません。

MLPのグラフは、エポックが終了するたびに訓練セット（四角形）とテストセット（円形）の成績を計測して学習の成果を示しています。訓練セットに対する性能の方がテストセットに対する性能よりも高いことと訓練セットの誤差が継続的に下がっていることがわかります。これは予想通りです。勾配降下法は、MLPの577,110個の重みとバイアスをすべて更新し、訓練セットの誤差はどんどん下がっていきます。しかし、私たちは訓練セットでの誤差を0にしようとしているわけではありません。テストセットでの誤差を最小にしようとしているのです。テストセットでの性能が高ければ、MLPがさまざまな未知のインプットに対しても高い性能を獲得したと考えてよい理由になります。

では、テストセットの誤差はどうなっているでしょうか。40エポックぐらいのところで誤差率0.56、すなわち56%という最小値に達しますが、そのあとは100エポックまでわずかずつながら一貫して上昇しています。これは旧来のMLPの過学習のためです。訓練セットの誤差率は下がり続けますが、テストセットの誤差率は最小値を叩き出したあとは継続的に上昇していきます。図5-9は、40エポックぐらいで訓練を終了していれば、もっとも性能の高いMLPが手に入ったはずだということを教えてくれます。

では、CNNはどうかということになりますが、その前に誤差率58%のところに描かれている破線について触れておきたいと思います。この破線は、300本の決定木によるランダムフォレストのテストセットに対する誤差率です。ランダムフォレストはエポックごとに重みを更新して学習するということがないので、58%という誤差率はそのままこのモデルの誤差率だと言えます。それをx軸と平行な破線で示したのは、MLPがランダムフォレストよりも少しだけ高い性能を示したものの、100エポックに至るまでの間に両モデルの差は無視できるほどに減ってしまったことを示すためです。これは、昔の機械学習モデルがグレースケールCIFAR-10データセットの分類で出せる最高成績は、誤差率

56%から58%程度だということでもあります。これはぱっとしない成績です。ランダムフォレストやMLPのパラメーターチューニングのためにもっと時間を使ったり、サポートベクターマシンを使ったりすれば、誤差率は若干下がるかもしれません。しかし、このデータセットの分類では昔の機械学習モデルが大した成績を出せないという結論自体は覆せないでしょう。

それでは、CNNの訓練セット（五角形）とテストセット（三角形）の曲線を分析しましょう。100エポックまでに訓練セットの誤差率は11%になり、より重要ですが、テストセットの誤差率は約23%まで下がっています。言い換えれば、CNNは10回に8回近く、正確に言えば77%の割合で正しく分類できています。10クラスのデータセットの場合、ランダム推測の正解率は約10%なので、CNNはそれと比べてかなり優秀であり、MLPやランダムフォレストよりもはるかに優れています。

これこそが、畳み込みニューラルネットワークの重要なポイントです。画像内にある物体（訳注：人、動物、ものなどをまとめて「物体」と呼んでいます）の部品の表現方法（正式には**埋め込み**と呼びます）という新しい要素を学習することにより、ネットワーク内の密層を分類成功に導けるようになるのです。

2015年に私が初めて訓練したCNNは、衛星画像から小さな飛行機を検出しようというものでした。最初に試したCNNではないアプローチはまずまず機能しましたが、偽陽性（誤った検出）が多いという欠点がありました。飛行機は検出されましたが、飛行機ではないのに飛行機として検出されたものも多数ありました。そこで、今回の実験で使ったものとよく似た単純なCNNを訓練してみたところ、飛行機を簡単に見つけるとともに、飛行機以外のものを飛行機だとすることもなくなりました。あまりのことに私は愕然とし、深層学習はパラダイムシフトなのだと思いました。7章では2022年秋にもっと重大なパラダイムシフトが起きたことを取り上げますが、その話をするためには、準備としてもう少し別の分野のことも説明しておく必要があります。

＊＊＊＊

この章で説明した単純なCNNだけでは、多彩なニューラルネットワークアーキテクチャー全体を説明したとは言えないでしょう。10年にわたる開発ラッシュにより、人気のCNNアーキテクチャーがいくつも登場し、なかには100階層を超えるようなものさえ作られました。そのようなアーキテクチャーとしては、ResNet、DenseNet、Inception、MobileNet、U-Netなどがあります。このなかでもU-Netについては簡単に触れておいた方がよいでしょう。

今までに説明してきたCNNは、インプットとして画像を受け付け、「犬」とか「猫」といったクラスラベルを返していましたが、そうしなければならないというわけではありません。CNNアーキテクチャーのなかには、すべてのピクセルにどのクラスに属するかを示すラベルをつけた別の画像をアウトプットとする**セマンティックセグメンテーション**を実装しているものがあります。U-NetとはそういうCNNです。すべての犬のピクセルに「犬」というラベルがつけられていれば、画像から犬の部分を切り出すのは簡単です。U-Netと画像全体に1個のラベルを与えるCNNの中間的な存在として、検出した物体を囲む**バウンディングボックス**という長方形を返すモデルもあります。AIが広く普及したため、みなさんもおそらくラベルつきのバウンディングボックスが表示された画像を見たことがあるでしょう。ラベルつきバウンディングボックスを生成するアーキテクチャーとしてはYOLO（“You Only Look Once”）が有名ですが、Faster R-CNNも有名です。

ここでは画像をインプットとするものばかりを扱ってきましたが、インプットは画像以外のものでもかまいません。2次元データで両次元にまたがる構造が含まれており、画像とよく似た形式で表現できるものなら、2次元CNNの処理候補になります。そのよい例が音声信号です。音声信号は、時間とともに変化してスピーカーを震わせる電圧だということから1次元信号のように思われがちですが、音声信号には周波数の異なるエネルギーが含まれています。異なる周波数のエネルギーは

2次元で表示できます。時間をx軸、周波数をy軸(通常は低周波数が下、高周波数が上)に置くのです。各周波数の強度でピクセルの色を変えると、音声信号が1次元から2次元になります。1次元の電圧の変化が2次元のスペクトログラムになるのです(図5-10参照)[*5-1]。

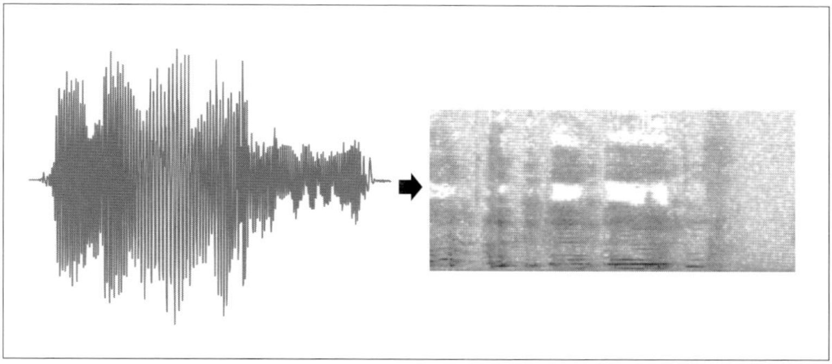

図5-10　1次元データから2次元データへ

このスペクトログラムは赤ん坊の泣き声を示したものですが、CNNが学習して1次元の音声信号だけで作るよりもよいモデルを作るための豊かな情報と構造を含んでいます。ここで重要なのは、インプットデータを変換してCNNに適した形の構造を抽出するのはルール違反ではないということです。

* * * *

データセットを持っていてそこからCNNを作らなければならないものとします。どのようなアーキテクチャーを使うべきでしょうか? ミニサイズバッチのサイズは? 必要な階層数は? その順序は? 畳み込みカーネルは5×5? それとも3×3? 十分なエポックはいくつでしょうか? ネットワークの設計者は標準アーキテクチャーを開発する前の早い段階で、これらの問いに一つひとつ答えなければなりません。これは科学と経験則と直観の混合物だった昔の医術のようです。

* 訳注5-1:1章のベクトル(1次元)と行列(2次元)を思い出してください。電圧の変化は、各時間の電圧を記録した1次元のベクトルデータです。周波数ごとのエネルギーは、音声が複数の周波数で構成されるため、各時間ごとの周波数エネルギーを周波数の数だけ並べた2次元の行列データになります。

このような難しさを抱えるニューラルネットワークを扱える技術者は引っ張りだこですが、抜け目のない技術者たちでも、深層学習をレパートリーに加えるのは容易ではありません。そこで、ソフトウェアを使ってモデルのアーキテクチャーや訓練パラメーター（3章で説明したハイパーパラメーターのことです）を自動的に決められないだろうかと考える人たちが出てきました。**自動機械学習（AutoML）**はそのようにして生まれました。

MicrosoftのAzure Machine Learning（アジュールマシンラーニング）やAmazonのSageMaker Autopilot（セージメーカーオートパイロット）のようなクラウドベースの商用機械学習プラットフォームの大半には、あなたのために機械学習モデルを作ってくれるAutoMLツールが含まれています。あなたはデータセットを与えるだけです。AutoMLはニューラルネットワークのアーキテクチャーを作ってくれるだけではありません。多くのツールは古典的機械学習モデルにも対応しています。AutoMLの目的は、ユーザーに求める専門知識を最低限に抑えつつ、与えられたデータセットのために最適なモデルタイプを見つけることです。

私としては、AutoMLができることには限界があり、もっとも優秀な深層学習エンジニアの方がAutoMLよりも常によいモデルを作れると言いたくなるところですが、そのような言い分には空しく響くところがあります。コンパイラーは自分が作るコードを超えられないと偉そうに言っていた昔のアセンブリ言語プログラマーたちを思い出してしまうのです。現在では、アセンブリ言語プログラマーの求人などほとんどありませんが、コンパイル言語を使うプログラマーの求人は山ほどあります（少なくとも現時点では。8章参照）。とは言え、今でも自分で機械学習モデルを設計したがる人々はいます。

＊＊＊＊

深層学習革命は、TensorFlowとかPyTorchといったオープンソースの機械学習ツールキットを生み出しました。旧来の全結合ニューラルネットワークの実装は、機械学習を学ぶ学生の練習問題になっています。簡単なことではありませんが、努力すればほとんどの人ができるようになります。それに対し、CNN、特にさまざまなタイプの階層を持つものを適切に実装するのは容易なことではありません。AIコミュニティは、早い段階からCNNを含む深層学習をサポートするオープンソースツールキットの開発に着手しました。これらのツールがなければ、AIの進歩はずっと遅れていたでしょう。Google、Facebook（Meta）、NVIDIAといったIT大手も参加してツールキット開発を継続的にサポートしてきたことは、AIにとってきわめて重要なことでした。

これらのツールキットの価値は、テストされた高性能のコードを豊富に含んでいることを別とすれば、柔軟性が高いところにあります。本書をここまで読み進めてきた方は、ニューラルネットワーク、CNNなどの訓練では、バックプロパゲーションと勾配降下法の2つが必要なことをよく理解されているはずです。バックプロパゲーションは、モデルの階層が微分という数学演算をサポートしていなければ使えません。微分は微積分学の最初の学期で学ぶことです。ツールキットが導関数（微分の結果得られるもの）を自動的に見つけられる限り、ユーザーは自由に階層を作れます。ツールキットはニューラルネットワークを**計算グラフ**に変換して**自動微分**を使っています。

自動微分と計算グラフの議論の柔軟性の高さと美しさは数学とコンピューター科学の見事な結合を示すものであり、もう少し踏み込んで説明したいところですが、本書で掘り下げられるレベルをはるかに超えているため、私の言葉を信じていただくしかありません。ポイントとなることを1つだけ紹介すると、自動微分にはフォワードモードとリバースモードの2種類があります。フォワードモード自動微分の方が理解しやすくコード化しやすいのですが、ニューラルネットワークには不向きです。これは残念なことで、フォワードモード自動微分はイギリスの数学者ウィリアム・クリフォードが1873年に考案した（発見した？）二重数という特殊なタイプの数値を使えばうまく実装できるのです。これは数学のための数学の最たる例で長い間忘れ去られていたものですが、コンピューターの時代がやってきて突然脚光を浴びたのです。ニューラルネットワークではリバースモード自動微分がもっとも適していますが、二重数は使いません。

＊＊＊＊

この章は読み応えがありましたが、少々大変な章でもありました。今までの章やこれからの章よりも深いところまで掘り下げて説明しました。当然ながら、まとめが必要になります。畳み込みニューラルネットワークには次のような特徴、意義があります。

- インプットに含まれる構造を活用する。これは古典的機械学習モデルとは正反対です。
- インプットを部品や部品のグループに分割してインプットの新しい表現を学習する。
- 多数の異なるタイプの階層を使い、それらをさまざまな形で組み合わせる。
- インプットを分類したり、一部だけを切り取ったり、インプットのすべてのピクセルにクラスのラベルを与えたりできる。
- それでも旧来のニューラルネットワークと同様にバックプロパゲーションと勾配降下法で訓練できる。
- 多くの人々に深層学習への道を提供する強力なオープンソースツールキットの開発を促進した。

畳み込みニューラルネットワークは、それでも古典的機械学習モデルの伝統に従っています。インプットを受け取り、何らかの形でクラスラベルを与えるという形です。ネットワークは、インプットを受け付けてアウトプットを生成する数学関数として機能します。次章では、インプットなしでアウトプットを生成するニューラルネットワークを取り上げます。

古いテレビ番組の文句を借りて言えば、私たちは景色や音の次元だけではなく、次の次元も含む世界を旅することになります。想像力以外の限界がない驚異の世界、生成AIへの旅立ちです。

キーワード

AutoML、埋め込み、エンドツーエンド学習、カーネル、計算グラフ、自動微分、セマンティックセグメンテーション、畳み込み、畳み込み層、畳み込みニューラルネットワーク、バウンディングボックス、フィルター、プーリング層、密層、物体*、有効受容野

第6章

生成AI：創造力を得たAI

生成AIは、独立に（無作為に）またはユーザーが与えたプロンプト（指示）をもとにまったく新しいアウトプットを作り出すモデルの総称です。生成モデルはラベルではなく、テキスト、画像、動画といったものを作り出すのです。しかし、舞台裏を覗けば、生成モデルもほかのモデルと同じ部品を使って組み立てられたニューラルネットワークです。

本書では、敵対的生成ネットワーク（Generative Adversarial Networks, GAN）、拡散モデル、大規模言語モデル（Large Language Models, LLM）の3種類の生成モデルだけを取り上げることにします。この章で取り上げるのは最初の2つだけです。LLMは、最近AIの世界を大転換させたモデルであり、7章で取り上げることにします。

****

敵対的生成ネットワーク（GAN）は、いっしょに訓練される2個の別々のニューラルネットワークから構成されます。第1のネットワークは**生成器**で、その仕事は第2のネットワークの**判別器**に与える偽のインプットの作り方を学習することです。それに対し、判別器の仕事は偽のインプットと本物のインプットの見分け方を学習することです。2個のネットワークをいっしょに訓練することにより、判別器が本物と偽物を区別するために最大限の努力を払っても、生成器が判別器を出し抜けるほど本物に似た偽物を生成できるようにすることを目指します。

最初の状態の生成器はひどいものでそのアウトプットはただのノイズです。そのため、判別器は苦もなく本物と偽物を見分けます。しかし、時間とともに生成器の性能が上がっていくと、判別器の仕事は難しくなっていきます。判別器は本物と偽物をうまく見分けられるようになっていかなければなりません。一般に訓練が終了すると、判別器は捨てられ、訓練済みの生成器は訓練データによって学習できた範囲からの無作為なサンプリングにより新しいアウトプットを生成させるために使われます。

訓練データがどのようなものかは説明しませんでしたが、それはさしあたり競争し合う（敵対する）2個のネットワークからGANが作られることを知っておけばよいからです。ほとんどの応用では、最終的に手に入れたいものは生成器です。

GANの構造は、図6-1のようなものと考えてよいでしょう（ランダムベクトルについてはすぐあとで説明します）。概念的には、判別器は本物のデータと生成器からのアウトプットの2種類のインプットを受け付けます。判別器のアウトプットは、「本物」と「偽物」のどちらかのラベルです。生成器と判別器は、バックプロパゲーションと勾配降下法という標準的なニューラルネットワークの訓練方法でいっしょに訓練されますが、同時に訓練されるわけではありません。

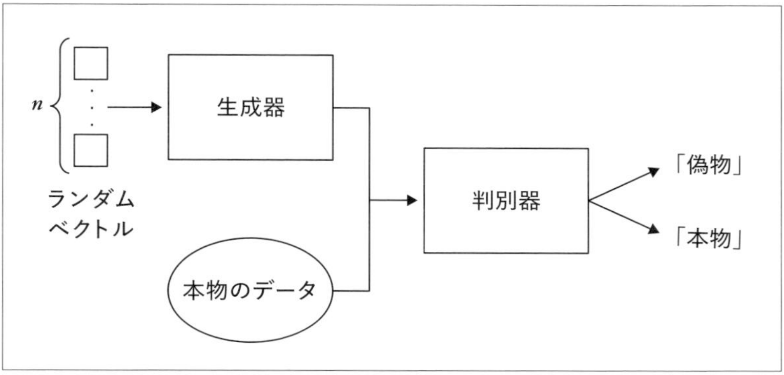

図6-1　GANの概念的なアーキテクチャー

たとえば、本物のデータのミニバッチ（本物の訓練データの小さなサブセット）を使った訓練は次のように進められます。

1. 現状の生成器を使ってミニバッチ分の偽データを作る。
2. 訓練セットからミニバッチ分の本物のデータを取り出す。
3. 判別器の重みの凍結を解除して、勾配降下法で重みを更新できるようにする。
4. 偽のサンプルにラベル0、本物のサンプルにラベル1をつけて判別器に学習させる。
5. バックプロパゲーションと勾配降下法によって判別器の重みを更新する。
6. 判別器を凍結し、判別器を書き換えずに生成器を更新できるようにする。
7. 生成器に対するミニバッチ分のインプット（図6-1のランダムベクトル）を作る。
8. 生成器の重みを更新するために生成器判別器結合モデルに生成器へのインプットを渡す。生成器へのインプットには「本物」のラベルをつける。
9. モデル全体が訓練されるまでステップ1以降を繰り返す。

アルゴリズムはまず現状の生成器を使って判別器の重みを更新してから（ステップ5）、判別器を書き換えずに生成器の重みを更新するために判別器を凍結します（ステップ6）。このようなアプローチが必要なのは、生成器の更新のために判別器のアウトプット（「本物」か「偽物」のラベル）を使おうとしているからです。生成器がすべての偽物画像のラベルを「本物」に書き換えていることに注意してください。判別器から見て偽物画像がどれぐらい本物に近く見えるかによって生成器を評価しているのです。

生成器へのインプットとして使われているランダムベクトルとは何なのでしょうか。GANの本当の目的は、訓練セットの表現を学習し、本物の訓練セットを製作したデータ生成プロセスと同じような生成器を作ることです。しかし、ここでの生成器はランダムベクトルという無作為な数値のコレクションを受け付け、訓練セットに含まれているものと見間違えるようなアウトプットに変換する関数と見ることができます。つまり、生成器はデータ補完デバイスとして機能するのです。生成器に無作為なインプットを与えると、訓練セットに含まれるデータのようになります。生成器は、最初に本物の訓練セットを作ったデータ生成プロセスの代用品なのです。

数値のランダムベクトルは、確率分布から抽出されます。確率分布からのサンプリングは、2個のサイコロを振って合計が7になる確率と2になる確率のどちらが高いかを尋ねるのと似ています。合計が2になる組み合わせよりも7になる組み合わせの方が多いので、合計が7になる確率の方が高くなります。合計が2になるのは両方とも1になる場合だけですが、7になる組み合わせは複数あります。正規分布からのサンプリングはこれと似ています。もっとも多く返されるサンプルは、分布の平均値です。平均よりも大きい値や小さい値は、平均から離れれば離れるほど返される確率が下がりますが、それでも返される可能性はあります。

たとえば、図6-2は人間の身長（単位インチ）の分布をヒストグラムにしたものです。もとのデータセットには25,000人分の身長データが含まれていますが、図ではそれらのデータが30個のビンにまとめられています。棒の高さが高いほど、そのビンには多くの人が含まれています。

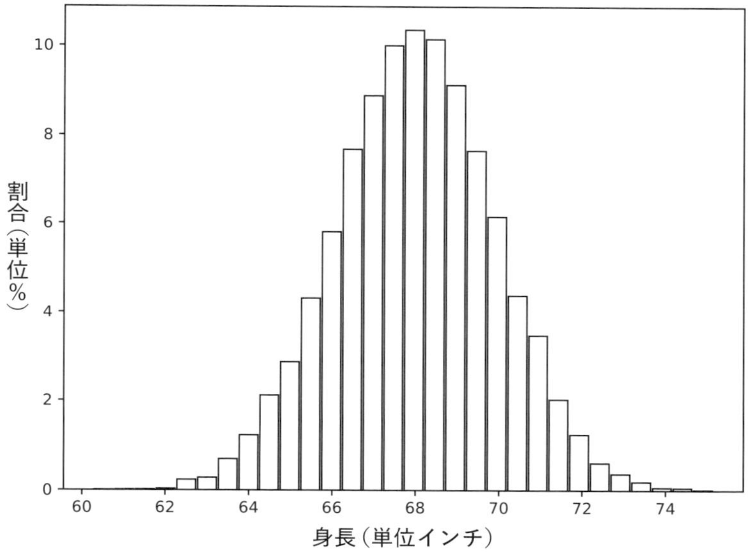

図6-2　人間の身長の分布

ヒストグラムの形がベルに似ているのでベル曲線とも呼びますが、本来の名前は**正規分布**曲線です。自然界で生成されるデータではこの分布が普通によく見られるため、正規分布と呼ばれるのです。この分布からは、無作為に抽出した人の身長は68インチになることが多いことがわかります。実際、サンプリングされた人々の10%以上がこのビンに含まれています。

GANが使っているランダムベクトル(***ノイズベクトル***とも呼ばれます)も同じように機能します。この場合、平均は0であり、大半のサンプルは-3から3までの間に含まれています。ベクトルにはこの範囲のn個の要素が含まれています。つまり、ベクトル自体はn次元空間のサンプルであり、図6-2のような1次元空間のサンプルではありません。

機械学習の泣き所はラベルつきのデータセットが必要なことですが、

GANにはそのような制限はありません。訓練サンプルがどのクラスかを気にする必要はなく、本物のデータでありさえすれば何でもかまいません。もちろん、訓練セットは生成したいデータに似たものでなければなりませんが、ラベルをつける必要はありません。

＊＊＊＊

それでは数字画像のMNISTデータセットを使ってGANを作ってみましょう。生成器は、10個の無作為な数値（つまり、nは10だということです）を数字の画像に変換することを学習します。訓練完了後の生成器に0の前後の10個の数値を与えると、アウトプットとして新しい数字の画像が得られます。人間が手書きで紙に数字を書くというMNISTデータセットの作成プロセスを真似られるわけです。訓練後のGAN生成器は、ターゲットアウトプットを無限に生成できます。

MNISTスタイルの数字画像を無限に供給する生成器を作るために、旧来のニューラルネットワークに基づく単純なGANを使います。まず、5章のときと同じように、既存のMNIST訓練セットの各サンプルを784次元のベクトルに展開します。これで本物のデータが得られます。

偽のデータを作るために、平均値0の正規分布から10個のサンプルを抽出して10要素のノイズベクトルを用意します。

モデルの生成器の部分はインプットとして10要素のノイズベクトルを受け付け、贋作した数字画像を表す784要素のベクトルをアウトプットとして生成します。この784個の数値は28 × 28ピクセルの画像に変換できます。生成器モデルは、3つの隠れ層を持ち、それぞれのノード数は256、512、1,024個です。そして、アウトプット層は784ノードで画像を生成します。隠れ層のノードは活性化関数としてLeaky ReLU（リーキー ReLU）というReLUの変種を使います。Leaky ReLUは、インプットが正数ならインプットをそのままアウトプットとし、負数ならインプットに小さな正数を掛けて得られた積をアウトプットとします。つまり、インプットを少しだけリークするのです。アウトプット層は双曲線正接活性化関数を使います。そのため、アウトプットベクトルの784個の要素は、どれも-1から1までの範囲になります。これは許容できるふるまいです。画像をディスクに書き込むときにはこの範囲を0から255までの値に変換します。

生成器は、インプットのノイズベクトルをアウトプットの画像に変換しなければなりませんが、判別器は、インプットとして画像、すなわち784次元のベクトルを受け取ります。判別器は、生成器と同様に3個の隠れ層を持ちますが、ノード数は逆で、最初が1,024個、次が512個、最後が256個です。判別器のアウトプット層はノードが1個でシグモイド活性化関数を使います。シグモイド関数は0から1までの値を返すので、それは判別器がインプットを本物（1に近い値）と考えているか、偽物（0に近い値）と考えているかを表す数値として解釈できます。そういうわけでこのGANは標準の全結合層しか使っていないことに注意してください。高度なGANは畳み込み層を使っていますが、本書ではそういったネットワークの細部は掘り下げません。

図6-3は生成器（上）と判別（下）を示しています。隠れ層のノード数から両者に対称性があることは明らかです。ただし、隠れ層と判別器とではノード数が逆になっていることに注意してください。

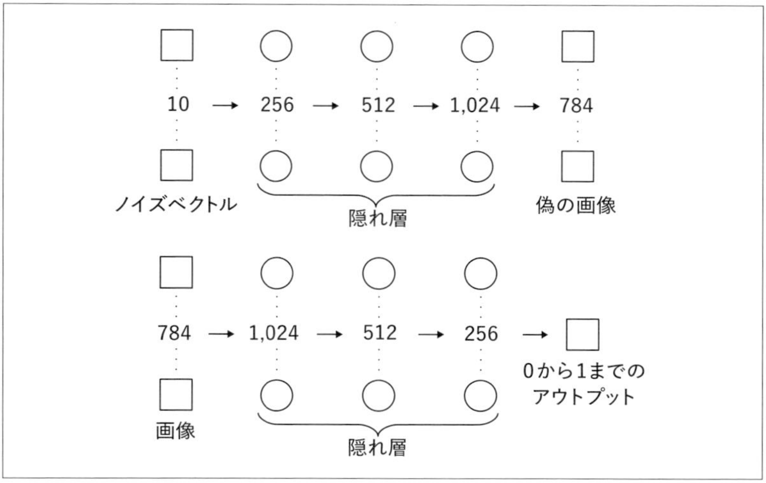

図6-3　GANの生成器（上）と判別器（下）

生成器は要素が10個のノイズベクトルを受け付け、偽画像を表す784要素のベクトルを返します。判別器は本物か偽物の画像ベクトルを受け付け、0から1までの真偽の予測値を返します。予測値は、偽画像なら0、本物の画像なら1に近い値になるはずです。生成器がしっかり訓練されていれば、判別器はほとんどの場合で騙され、すべてのインプットに対して0.5に近い値を返します。

ネットワーク全体をそれぞれ468個のミニバッチに分割した200エポックで訓練し、全部で93.600の勾配降下ステップを実行しました。各エポック終了後に生成器のサンプルを表示すれば、ネットワークの学習過程を観察できます。図6-4は、左から1、60、200エポック終了後の出力サンプルを示しています。

図6-4　1、60、200エポック終了後の生成器のアウトプット

訓練データを1パスしたあとの生成器の性能は予想通り低いものですが、予想していたほど低くないのではないでしょうか。生成された画像の大半は1のように見えます。0や2のようなものもありますが、ノイズがかなりかかっています。

60エポック後には、生成器はすべての数字を生成するようになっています。完全なものもありますが、紛らわしいものや部分的にしか描けていないものもあります。200エポック後には、ほとんどの数字がはっきりと区別でき、くっきりと表示されています。生成器は十分に訓練され、必要に応じて数字の画像を生成できるようになっています。

****

私たちの数字画像生成器は、新しい数字画像をいくつでも（10,000個でも）生成してくれますが、生成される数字を4に制限したい場合にはどうすればよいでしょうか。インプットがランダムベクトルならランダムな数字が生成され、どれを生成するかを指定することはできません。インプットベクトルをランダムに選択しても、アウトプットの数字は同じようにランダムに決まるだけだと考えてよいのではないでしょうか。これを確かめるために、訓練した生成器を使って1,000個の数字画像を生成し、MNISTデータセットで訓練したCNNにそれらの画像を与えてみました。このCNNはテストセットで99%以上の正解率を示しており、インプットが数字画像なら確かな予測をすると考えてよいでしょう。GAN生成器はリアルな数字画像を生成するので、確認方法としてはしっかりしているはずです。

生成器の動作が私たちの予想通りなら、個々の数字の出現頻度はほぼ同じになるはずです。数字は10種類なので、それぞれの出現頻度が約10%になるはずだということです。しかし、実験結果はそうではありませんでした。個々の数字の実際の出現頻度をまとめると、表6-1のようになります。

表6-1　実際の数字の出現頻度

数字	割合
0	10.3
1	21.4
2	4.4
3	7.6
4	9.5
5	6.0
6	9.1
7	14.4
8	4.4
9	12.9

生成器は1がもっとも好きで、7、9、0がそれに続きます。2と8は出現頻度が最低でした。生成してほしい画像タイプを選べないだけではなく、GANははっきりとした好みを持っていることがわかりました。図6-4の左の画像（エポック1のサンプルを表示しているもの）をもう1度見てみましょう。ほとんどのアウトプットが1なので、GANが1を偏愛していることは訓練の最初から明らかでした。GANは確かに学習していますが、1のアウトプットが多いことにはGANの訓練で障害となる問題があることの兆候です。その問題は**モード崩壊**と呼ばれるもので、生成器が早い段階で判別器を騙せる特に好都合なサンプル（またはサンプル群）の作り方を学習し、そのアウトプットばかり生成するようになって、画像に望ましい多様性が生まれないことです。

しかし、好みにうるさく扱いにくいGANの言いなりに甘んじる必要はありません。訓練中に生成器に作ってほしい数字のタイプを示してネットワークを調整するという方法があります。このアプローチを取るGANを**条件付きGAN**と言います。無条件GANとは異なり、条件付きGANにはラベル付きの訓練セットが必要です。

条件付きGANでも、生成器に対するインプットは依然としてランダムなノイズベクトルですが、それに生成してほしいクラスを指定する別のベクトルをつけます。たとえば、MNISTデータセットには10種類のクラス（0から9まで）があるので、条件ベクトルには10個の要素があります。生成してほしいクラスが3なら、条件ベクトルは要素3だけを1にしてほかの要素は0にしたものになります。このようなクラス情報の表現方法は、求めるクラスラベルに対応する要素を1にしてそれ以外の要素を0にするため、**ワンホットエンコーディング**と言います。

判別器もクラスラベルを必要とします。判別器に対するインプットが画像なら、クラスラベルをどのようにして入れたらよいのでしょうか。画像にもワンホットエンコーディングのコンセプトを拡張する方法があります。カラー画像は、赤、緑、青の3要素のためにそれぞれ1つずつ全部で3チャネルの画像行列で表現されます。グレースケール画像には、1個のチャネルしかありません。クラスラベルは、ラベルの数だけ新たなインプットチャネルを設けるという形で組み込めます。クラスラベルに対応するチャネルだけ1にしてその他のチャネルはすべて0にするのです。

偽画像の生成、本物と偽物の判別のときにクラスラベルを入れておくと、生成器はクラス固有のアウトプットの生成方法、判別器はクラス固有のインプットの解釈方法を学習するようになります。クラス4を与えられた生成器が4というより0に見える数字画像を生成したら、ラベルつきの訓練セットから本物の4の見分け方を覚えた判別器は指定されたクラスの画像ではないと判定します。

条件付きGANの利点は訓練済みの生成器を使うときに明らかになります。ユーザーは、無条件GANのときに使われるランダムなノイズベクトルとともに、ワンホットベクトルの形で生成してほしいクラスを生成器に与えます。すると、生成器はノイズベクトルに基づいてサンプルを作りますが、作れるサンプルは指定されたクラスによって制限されます。条件付きGANは、1個のクラスの画像だけで訓練された無条件GANを組み合わせたものと考えられます。

私はMNISTデータセットから条件付きGANを訓練してみました。このモデルでは、この章の最初の方で取り上げたGANのように全結合層を使うのではなく、畳み込み層を使いました。図6-5は、訓練後の生成器に個々の数字のサンプルを10個ずつ生成させたところを示しています。

図6-5　条件付きGANのアウトプット

条件付きGANを使えばアウトプットクラスを選択できます。これは無条件GANにはできないことです。しかし、アウトプット画像の特定の特徴を調整したいときにはどうすればよいでしょうか。その場合は、制御可能GANが必要になります。

****

制御不能なGANは、クラスラベルに関係なく好き勝手に画像を生成します。条件付きGANによってクラス固有の画像生成が可能になり、それはほかのモデルを訓練するための合成画像を生成したいときに役に立ちます（おそらく、比較的サンプルが少ないクラスのサンプルを補いたいのでしょう）。それに対し、**制御可能なGAN**は生成される画像の特定の特徴を変えられます。生成器の学習とは、アウトプット画像にマッピングできる抽象空間を学習することです。ノイズベクトルはこの空間のなかの点であり、その空間の次元数はノイズベクトルの要素数です。個々の点が画像になります。生成器に同じ点、同じノイズベクトルを与えると、同じ画像が生成されます。

ノイズベクトルが表現する抽象空間内を移動すると、少しずつ異なる画像が生成されます。抽象ノイズ空間には、アウトプット画像の特徴にとって意味のある方向があるのでしょうか。ここで**特徴**とは画像内の何かです。たとえば、生成器が人間の顔の画像を生成する場合、メガネ、あごひげ、赤毛などの有無が特徴になります。

制御可能なGANは、ノイズ空間内の意味のある方向を明らかにします。そのような方向に沿って移動すると、その方向が表す特徴が変化します。もちろん、ノイズ空間の次元数や生成器が学習するデータによっては、1つの方向が複数の特徴に影響を与える場合があるので、実際はもっと複雑です。一般に、ノイズベクトルが小さければ小さいほど、影響を受ける特徴は**もつれ**を含むものになります。つまり、1個のノイズベクトルの方向がアウトプットの複数の特徴に影響を与え、1つの特徴だけを操作できる方向は容易に取り出せません。先ほど使った10要素ではなく100要素の大きなノイズベクトルを使い、訓練テクニックに工夫を加えれば、1つの方向で1つの重要な特徴を操作できる可能性が高くなります。ノイズベクトルの1つの要素で1つの重要な特徴を調整できるようにしたいところです。

今説明したことをしっかりと理解するために、2次元の例を使って具体的に考えてみましょう。2次元のノイズベクトルを使って生成器を学習させるのは難しいかもしれませんが、今説明した考え方は次元数を問わないので、2次元で考えればわかりやすくなります。私たちが求めていることを描くと図6-6のようになります。

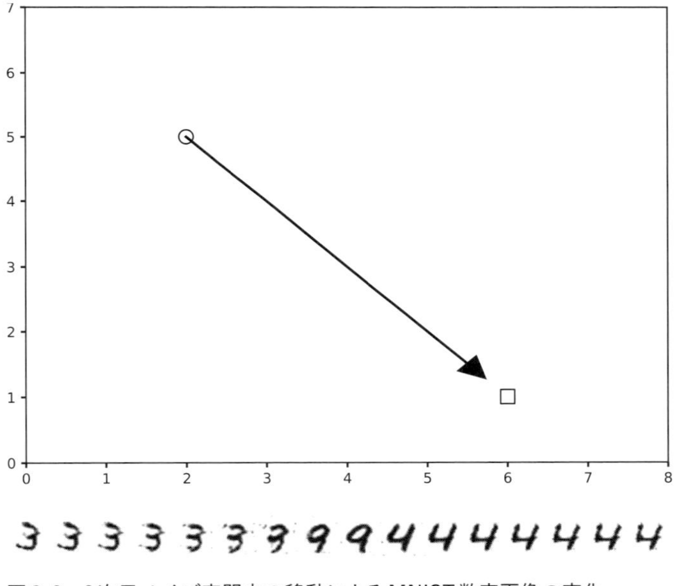

図6-6　2次元ノイズ空間内の移動によるMNIST数字画像の変化

図の上部は、生成器にx座標とy座標の2個のインプットを与える2次元ノイズ空間を表しています。そのため、図の各点はGANが生成する画像を表しています。座標(2, 5)(丸)からはある画像が生成され、座標(6, 1)(四角)からは別の画像が生成されます。矢印は、アウトプット画像の特徴を操作できるノイズ空間内の方向(何らかの方法で学習したもの)を示しています。たとえば、顔の画像を生成するGANなら、この矢印の方向に移動すると画像の髪の色が変わるといった形です。(2, 5)から(6, 1)に移動するとアウトプット画像の大部分に変化はないものの、髪の色だけが黒（座標が(2, 5)のとき）から赤（座標が(6, 1)のとき）に変わります。矢印の途中の点は、黒と赤の中間の髪色を表します。

図6-6の下部は私たちが数字画像を生成させるために訓練したGANの第3次元を少しずつ操作した結果を示しています。これは10要素のノイズベクトルのうち第3要素だけを変えて、ほかの要素はすべて最初に選ばれた無作為な値のままにしたということで、左から右に向かって3が少しの間だけ9に変化し、あとは4に変化しています。ノイズベクトルの次数が比較的低く、1つの次元が1つの数字の特徴だけと結びついているわけではないので、最初の3から9を経由して4に変わるというように画像全体が変化しています。

高度なGANは、人間の顔のリアルな偽画像を生成できます。制御可能なGANは、顔の特定の特徴と結びついた方向を学習します。たとえば、図6-7を見てください。一番左は生成した2個の偽の顔画像で右側はそれに操作を加えた画像です（シェン・ユジュンら『セマンティック顔画像編集のためのGANの潜在空間解釈』(2019)[*6-1]から引用）。学習した年齢、メガネ、性別、顔の向きを表す方向に沿ってもとの画像の位置からノイズ空間を移動した結果が右の4枚の画像です。

図6-7　顔の属性の操作

＊訳注6-1：『Interpreting the Latent Space of GANs for Semantic Face Editing』（Yujun Shen et al.、2019）

制御可能なGANの威力は掛け値なしに注目すべきものであり、生成器がノイズ空間内の意味のある方向を学習するのは見事なものです。しかし、リアルで操作可能な画像を作る方法はGANだけではありません。拡散モデルも同じようにリアルな画像を作れます。しかも、ユーザーが書いたテキストのプロンプト(指示)に基づいて画像に条件をつけられます。

＊＊＊＊

GANは、訓練データに似た偽画像の作り方を学習するために、生成器と判別器の競争を使いますが、**拡散モデル**は競争なしで同じ目的を達成します。

一言で言うと、拡散モデルの訓練は、訓練画像に加えられるノイズの予測方法を教えることです。そして、拡散モデルの推論はその逆で、ノイズを画像に変化させます。すばらしい。しかし、画像の「ノイズ」とは何なのでしょうか。

ノイズとは無作為性、すなわち構造がないもののことです。ラジオや音声信号の雑音のことをイメージしたとすれば、おおよそ間違っていません。デジタル画像の場合、ノイズはピクセルに無作為な値を加えることです。たとえば、本来のピクセルの値が127のときに少量のノイズが加わるとピクセルの値は124や129になります。画像に加えたランダムなノイズは雪のように見えることがよくあります。拡散モデルは、訓練画像に正規分布のノイズを加えた結果を予測することを学習します。

ネットワークを訓練する前に準備しなければならないものがいくつかあります。まず訓練データセットが必要です。拡散モデルは、ほかのニューラルネットワークと同様にデータから学習します。そしてGANと同様にラベルは不要です(訓練されたモデルが生成するものを指定したいときなどを除き)。

訓練データを手に入れたら、ニューラルネットワークアーキテクチャーが必要になります。拡散モデルはアーキテクチャーをあまり選り好みしませんが、アーキテクチャーはインプットとして画像を受け付け、アウトプットとして同じ画像を生成するものでなければなりません。5章で軽く触れたU-Netがよく使われます。

データとアーキテクチャーが手に入りました。次に必要なのは、ネットワークの学習方法です。しかし、何を学習するのでしょうか。意外にも、画像に追加するノイズを学習させるだけでよいのです。この結論の背後にある数学は簡単なものではありません。確率理論に踏み込まなければならないのです。しかし、実際にすることを煎じ詰めれば、訓練画像に正規分布に従う既知のレベルのノイズを加え、そのノイズとモデルが予測するノイズを比較するということです。モデルがノイズの予測の学習に成功すれば、あとでそのモデルを使って純粋なノイズを訓練データに似た画像に変換できるようになります。

直前の段落で特に重要なのは、「正規分布に従う既知のレベルのノイズ」という部分です。正規分布に従うノイズは、ノイズのレベルを指定する数値という1個のパラメーターだけで定義できます。訓練は、まず訓練セットの画像とノイズのレベルを選択し（どちらも無作為に）、それらをインプットとしてネットワークに渡すことです。ネットワークからのアウトプットは、モデルが予測するノイズの量です。アウトプットのノイズ（それ自体も画像）とインプットとして与えたノイズの差が小さければ小さいほどよいということになります。ミニバッチ全体でこの差を小さくするために標準のバックプロパゲーションと勾配降下法を使い、モデルが訓練済みと言える状態になるまでそれを繰り返します。

訓練画像にノイズをどのように追加するかがモデルの学習内容のよさと学習スピードに影響を与えます。一般に、ノイズは決まった**スケジュール**に従います。スケジュールとは、現在のノイズレベル（たとえばノイズレベル3）を次のノイズレベル（たとえばノイズレベル4）に移行するときにどれだけの量のノイズを画像に加えるかで、その量は関数によって異なります。各ステップで同量のノイズを加える場合、そのスケジュールは線形です。しかし、ステップ間でどれだけのノイズを加えるかがステップ自体によって変わる場合、スケジュールは非線形であり、非線形関数に従います。

図6-8を見てください。左端は訓練画像の例で、その右には訓練画像に加えるノイズレベルを少しずつ上げていった各ステップの画像が並んでいます。上段は線形スケジュールに従っており、画像がほぼ完全に破壊されるまで各ステップで同じ量のノイズを追加しています。下段は線形スケジュールよりもゆっくりと画像を破壊していくコサインスケジュールというものに従っています。このスケジュールに従うと、拡散モデルの学習内容が少し向上します。ちなみに、画像の紳士は1895年頃に撮影された私の曽祖父、エミール・クナイスルです。

図6-8　画像をノイズに変える2つの方法。線形スケジュール（上段）とコサインスケジュール（下段）

図6-8は、9ステップしか示していませんが、実際の拡散モデルは数百ステップを使い、元の画像が完全に破壊されてノイズしか残らないところまで進めます。拡散モデルからのサンプリングは、このプロセスを逆にたどってランダムなノイズからノイズのない画像を作り出すので、これが重要です。実際の拡散モデルからのサンプリングは、訓練後のネットワークを使って現在の画像のすぐ左の画像を生み出すために取り除くノイズを予測して、右から左に進んでいきます。スケジュールに含まれていたすべてのステップでこれを繰り返すと、ノイズから画像を掘り出す作業が完成します。

＊＊＊＊

前節の説明は、2つのアルゴリズムにまとめられます。できればしっかり読み通していただきたいと思いますが、少し難しいので、歯が立たないと思ったらいつでも次の節に進んでください。

前進（拡散）アルゴリズムが拡散モデルを訓練し、逆（逆拡散）アルゴリズムが訓練後のモデルからサンプリングしてアウトプット画像を生成します。前進アルゴリズムから見ていきましょう。モデルが訓練済みと言える状態になるまで次のステップを繰り返します。

1. 無作為に訓練画像x_0を選択する。
2. 1からT（ステップ数の上限）までの範囲から無作為にタイムステップtを選択する。
3. 標準正規分布からノイズ画像eをサンプリングする。
4. x_0、t、eを使ってノイズの入った画像x_tを定義する。
5. モデルにx_tを与え、アウトプットの予測ノイズとeを比較する。
6. 標準のバックプロパゲーションと勾配降下法を適用して、モデルの重みを更新する。

前進アルゴリズムが成り立つのは、訓練セット画像のx_0と無作為に選択されたタイムステップtからx_tを簡単に得る方法があるからです。Tは、訓練画像が純粋なノイズになるタイムステップで、それがタイムステップの上限になります。一般に、Tは数百ステップです。拡散モデルは訓練によってeに含まれるノイズの予測方法を学習しようとしていることを思い出してください。訓練イメージを壊すために使われるノイズをより正確に予測することを繰り返しモデルに学習させることにより、逆アルゴリズムが機能するようになるのです。

逆アルゴリズムは、前進アルゴリズムによって訓練された拡散モデルからのサンプリングにより、新しいアウトプット画像を生成します。純粋ノイズ画像x_T（図6-8の右端の画像を思い浮かべてください）からスタートし、次の操作をTステップ繰り返してノイズを画像に変身させます。

1. x_1からx_0を得る最後のステップでなければ、標準正規分布からノイズ画像zをサンプリングする。

2. x_tから拡散モデルのアウトプットを引き、zを加えるという手順で x_tからx_{t-1}を得る。

逆アルゴリズムは、図6-8に従って言えば、右から左に進んでいきます。現在の画像をインプットとして拡散モデルから得られるアウトプットにより左に一歩戻る歩幅を得て、それによりステップtから前のステップt-1に戻ります。標準ノイズ画像zは、x_tからx_{t-1}を得る確率分布により、x_{t-1}が有効なサンプルになるようにします。先ほども触れたように、ここでは確率理論の話題を大幅に省略しています。

サンプリングアルゴリズムが機能するのは、拡散モデルがインプットに含まれるノイズを推定するからです。その推定により、x_{t-1}からx_tを作り出したはずの画像の推定につながります。完全なノイズからこれをTステップ反復すれば、ネットワークのアウトプットであるx_0が得られます。今までのニューラルネットワークはインプットを与えるとアウトプットを生成していました。しかしそれとは異なり、拡散モデルは繰り返し実行され、実行のたびに少しずつノイズの少ない画像を生成し、最終的に訓練データに似た画像を生成するということに注意してください。

****

拡散モデルは標準GANと同様に無条件です。生成される画像をコントロールすることはできません。しかし、GANの場合は条件付けの方法を追加すると生成プロセスを誘導できるようになりました。拡散モデルにも、そのような方法があるのではないかと思われるかもしれません。実際、その通りなのです。

私たちがMNIST風の数字画像を生成するために作ったGANは、出力させたいクラスラベルを選択するワンホットベクトルを生成器へのインプットに追加することによって条件付けできました。拡散モデルの条件付けはそれほど単純ではありませんが、条件付けによって訓練中の画像に関係のあるシグナルをネットワークに与えられます。一般に、そのシグナルは、訓練画像の内容のテキストで説明したものを表現する埋め込みベクトルです。埋め込みは5章でも少し登場しましたが、LLMを取り上げる7章でも登場します。

さしあたり今知る必要のあることは、テキスト埋め込みが「大きな赤い犬」のような文字列を取り、それを大きなベクトルに変換することです。そのベクトルは、意味や概念を捉えている高次元空間内の点と考えることができます。ネットワークが画像内のノイズを予測する訓練時にそのようなテキスト埋め込みを添えると、ワンホットベクトルがGAN生成器を条件付けしたように、ネットワークを条件付けします。

訓練後、サンプリング時にもテキスト埋め込みがあることにより、アウトプット画像にテキストに関連した要素が含まれるようにアウトプット画像を誘導するシグナルが与えられます。サンプリング時のテキストは、拡散プロセスに生成してもらいたい画像を記述するプロンプト（指令）になります。

一般に、拡散モデルは無作為なノイズイメージからスタートしますが、そうである必要はありません。既存の画像と似たアウトプットがほしいなら、その画像を初期画像としてしてある程度のノイズを加えることができます。その画像から作ったサンプルは、追加したノイズの度合い次第で多少なりとももとの画像に似たものになります。では、条件つき拡張モデルツアーに出かけましょう。

****

OpenAIのDALL-E 2（ダリツー）やStability AI（スタビリティ AI）のStable Diffusion（ステーブルディフュージョン）は、ユーザーから与えられたテキストや画像を使って指示された要件を満たす画像を生成するように拡散プロセスを誘導します。この節でお見せする具体例はドリームスタジオというオンライン環境（https://beta.dreamstudio.ai/generate）を使ってStable Diffusionで生成したものです。図6-9は、レオナルド・ダ・ヴィンチのモナリザ（左上）とその5つのバリエーションです。

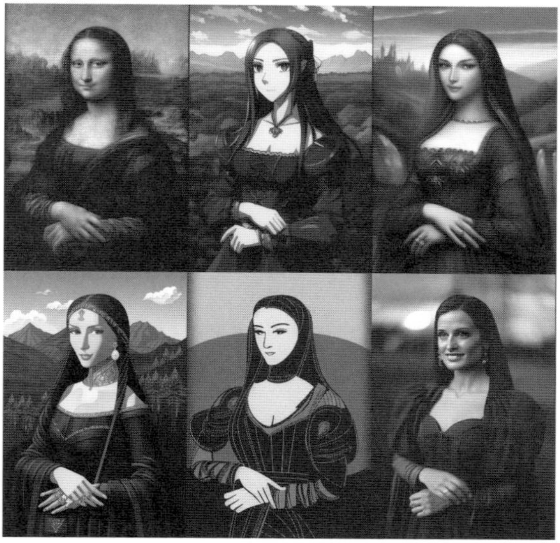

図6-9　Stable Diffusionで描いたさまざまなモナリザ

5種類のバリエーションはもとの画像と次のテキストプロンプトからStable Diffusionが生成したものです。

> Portrait of a woman wearing a brown dress in the style of DaVinci, soft, earthen colors
> （背景が柔らかいアースカラーでダビンチ風の茶色い衣装を着た女性の肖像画）

ドリームスタジオのインターフェースでは、初期画像を指定し、スライダーでもとの画像の強さを指定できるようになっています（0で元画像の要素なし、100で元画像のまま）。元画像の割合を0にすると、拡散プロセスは初期化されます。元画像の割合を高くすると、ノイズは減り、初期画像の影響が強い画像が得られます。このモナリザの変形では33%を指定しました。図6-9の5つのバリエーションは、このノイズレベルで上記のプロンプトとスタイルを指定して得たものです。バリエーション間の違いはスタイルだけです（上の行はanimeとfantasy art、下の行はisometric、line art、photographic）。

得られた結果はすばらしいものです。これらの画像は実際に描かれたものではありません。プロンプトの英文で拡散プロセスの方向性を指示した上でノイズを加えたモナリザの画像を拡散させて作ったものです。プロンプトを反映して新しい画像を生成できるシステムが商業美術の世界に大きな影響を与えることは容易に想像できます。

しかし、AIによる画像生成は完全なものではありません。図6-10のようなおかしな画像が作られることがあります。5本足のボーダーコリー、口が2つあるティラノサウルス、手が変形しているモナリザ風の女性を描けと指示したわけではありません。拡散モデルは人間の画家と同様に手の表現では苦労するようです。

図6-10　拡散モデルのエラー

効果的なプロンプトを作ることはすでに特別な技術となっており、プロンプトエンジニアという新しい職種を生み出しています。テキストプロンプトそのものは、最初に選択したランダムなノイズ画像と同様に大きな影響を与えます。ドリームスタジオのインターフェースは疑似乱数生成器の種を固定できるようになっています。つまり、毎回同じノイズ画像から拡散プロセスを開始できるということです。乱数の種を固定した上でテキストプロンプトを少しずつ変化させると、拡散プロセスがプロンプトにどれだけ敏感に反応するかを実験できます。

図6-11の画像は、ornate（装飾的な）、green、vase（花瓶）という単

語の順序を変えて生成したものです（本ではモノクロで表示されていますが、どれも同じように緑色になっています）。初期ノイズ画像は毎回同じになっており、変えたのは3つの単語の順序だけです。最初の3つの花瓶はよく似ていますが、4番目の花瓶だけは大きく異なっています。それでも、4枚とも緑の装飾的な花瓶の有効な例になっています。

図6-11　拡散モデルが生成した花瓶の画像

プロンプトで使われている単語や意味が似ていても、プロンプトから作られる埋め込みベクトルは異なるので、プロンプトの順序や表現方法は意味を持ちます。最初の3つの花瓶のプロンプトはテキスト埋め込み空間の互いに近い位置に着地したため、よく似たもの画像が得られたと考えられます。しかし、最後のプロンプトはどうしたわけかちょっと遠いところに着地したため、少し異質な画像が生成されたようです。面白いことに、最後の画像のプロンプトは、“ornate, green, vase”という文法的に正しい順序のものでした。

さらに面白いのは、“ornate, green, vase”というプロンプトの“green”の部分をほかの色に変え、同じノイズ画像を使った結果です（図6-12参照）。指定した色は、左から順にred、mauve（藤色）、yellow、blueです。最初の3枚の画像は図6-11の最後の花瓶とよく似ていましたが、

青の花瓶だけが大きく違っていました。

図6-12　さまざまな色を指定して生成した花瓶の画像

実験していて拡散モデルの新たな特徴にも気づきました。生成された画像の方がもとの画像よりもノイズが少ないのです。インプット画像が低解像度でざらざらした感じのものだったとします。その場合、拡散モデルのアウトプットはオリジナルのインプットよりも解像度が高くくっきりしたものになります。これは、拡散モデルのアウトプットがもと画像に何らかの操作を加えた結果ではなく、プロンプトを導きの糸として画像を0から作っているからです。もとの画像に絶対的な再現が求められないのなら、拡散モデルで画像のアーチファクトを取り除くことができるのではないでしょうか。

図6-13は、この問いに答えようとしたものです。左側の画像は、195×256ピクセルの画像を586×768ピクセル（縦横とも3倍ずつ）にスケールアップしたものです。スケールアップでは標準画像処理プログラムでキュービック補間を使いました。右側の画像は拡散モデルのアウトプットで、同じように586×768ピクセルです。拡散モデルは同じ195×256ピクセルの元画像に25%のノイズを加え、photographicスタイルを指定し、“detailed, original”というプロンプトを指定しました。結果は拡散モデルの方が高品質です。元画像と同じではありませんが、非常に近いコピーになっています。このアプローチで深層学習ベースの超解像ネットワークに勝てるとは思いませんが、最終的な有用性は別として、拡散モデルの応用としては面白いと思います。

図6-13　拡散モデルによる画像補正

別の例として、コロラド州の煙っぽい悪い空気のなかで約100m離れたところから撮ったニシマキバドリの写真を操作してみましょう（図6-14の左）。中央の画像は、標準的な画像処理プログラム（GIMP）でできる限りの処理をして改良した結果です。右の画像は中央の画像に少量のノイズ（約12%）を追加し、次のテキストプロンプトを指定してStable Diffusionから得たアウトプットです。

western meadowlark, highly detailed, high resolution, noise free
（ニシマキドリ、細密、高解像度、ノイズフリー）

図6-14　煙っぽい空気のためにぼやけたニシマキドリの写真を高品質化する画像補正実験：元画像（左）、標準的な画像処理プログラムでの最大限の補正（中央）、Stable Diffusionによるさらなる補正（右）

Stable Diffusionは奇跡を起こしたわけではありませんが、元画像よりはははるかに改善されています。

****

この章では、敵対的生成ネットワーク（GAN）と拡散モデルの2種類の生成ネットワークを探ってきました。これらはどちらもランダムなインプットから画像を生成します。

GANは生成器ネットワークと判別器ネットワークを同時に訓練して、生成器に判別器を出し抜くアウトプットの生成方法を教えます。条件付きGANは、訓練時と生成時にクラスラベルを使って、ユーザーが指定したクラスのメンバーを生成するように生成器を仕向けます。制御可能GANは、生成されるアウトプットの重要な特徴量を左右するノイズ空間内の方向を学習し、その方向に沿って移動することによりアウトプット画像を予測可能な形で変形します。

拡散モデルは画像内のノイズ量の予測方法を学習します。拡散モデルは、クリーンな訓練画像にわざと決まった量のノイズを加えたものを与えて訓練します。モデルの予測と追加したノイズを使ってモデルの重みを更新するわけです。条件付き拡散モデルは、訓練時にテキストによる訓練画像の内容説明から作った埋め込みとノイズを関連づけて、生成時にユーザーが指定したテキストプロンプトと関連する要素を含む画像を作ります。初期画像として純粋にランダムな画像ではなく、ある程度ノイズが加えられた既存画像を与えると、初期画像バリエーションが生成されます。

章の冒頭では、3種類の生成AIモデルを取り上げました。最後の大規模言語モデル（LLM）は、一部のAIエンジニアが車輪と火ほどでなくても産業革命に匹敵するほどの世界の重大な変化を引き起こすと主張しているものです。それだけの大きな話なら、注意を払わないわけにはいきません。次章では、ついに本物のAIになり得るかもしれないものについて掘り下げていきましょう。

キーワード

拡散モデル、条件付きGAN、スケジュール、制御可能なGAN、生成AI、生成器、敵対的生成ネットワーク（GAN）、ノイズベクトル、判別器、モード崩壊、もつれ、リーキー ReLU、ワンホットエンコーディング

第7章

大規模言語モデル：ついに本物のAI？

未来の歴史家たちは、2022年秋のOpenAIによるChatGPT大規模言語モデル（Large Language Model,LLM）のリリースが本物のAIの夜明けだったと指摘するかもしれません。本稿を執筆している2023年3月末の時点で、私はそのような評価に同意します。

この章では、まず既存のLLMで何ができるかを探り、続いてLLMとは何でどのような仕組みになっているのかを説明します。これらのモデルは、つきつめて言えば、今までのあらゆるニューラルネットワークと同じように構築、訓練されたニューラルネットワークです。このことひとつをとっても、コネクショニズムは最初から正しかったのです。フランク・ローゼンブラットは、草葉の陰で満足の笑みをこぼしているのではないでしょうか。

ChatGPTや類似モデルは本物のAIと呼べるだけの新しさを持っていると私が思っていることはすでに触れています。この章を読み終わるまでにあなたにも同じように思っていただければうれしいところです。

＊＊＊＊

人工知能という言葉にはあいまいなところがあるので、先に進む前にもう少し細かい意味をはっきりさせる必要があります。現場のAIエンジニアたちは、一般にAIを**特化型人工知能**（**Artificial Narrow Intelligence, ANI**）と**汎用人工知能**（**Artificial General Inteligence, AGI**）の2種類に分類します。今までに説明してきたものは、すべてANIです。AGIは、本物の知覚と知能を持つ機械であり、SFで出てくるものです。

本書を執筆するまでに登場した既存のモデルは決してAGIではありませんが、ただのANIでもありません。AGIとANIの中間というまったく新しいもののように見えます。Microsoftのセバスティアン・ブベックらの最近の論文のタイトル『AGIの端緒』[*7-1]は、私の感覚とぴったり合っています。

大規模言語モデル（LLM）はインプットとしてユーザーが用意したテキストのプロンプトを受け付け、アウトプットとして1単語ずつ（より正確に言えば1トークンずつ）テキストを生成します。プロンプトとそれまでに生成したすべての単語に導かれるような形で次の単語を生成するのです。実際、LLMの設計上の目標は、インプットのプロンプトが引き出した単語の連なりの次に続く単語を非常にうまく予測できるようにすることだけです。LLMが訓練されているのはそのことだけなのです。しかし、LLMが**学習**するのはそれだけではありません。AIの研究者たちがLLMに大注目しているのは、LLMが優秀なテキスト生成ツールになるための学習をする過程で、質問への回答、数学的推論、高品質のコンピュータープログラミング、論理的推論といった**創発能力**を学習するからです。

予想外の創発能力の学習ということの哲学的な意味は深遠なものです。LLMのこのような能力は、思考というものの性質、意識というものの意味、人間の知性の特異性（と思われているもの）について疑問を投げかけてきます。本書はこれらの疑問に深く答えようとしているもの

＊ 訳注7-1:『Sparks of Artificial General Intelligence』（Sébastien Bubeck et al., 2023）

ではありませんが、その一部には8章で再び触れます。

それでは、LLMの機能を探ってこれらのテーマに踏み込んでみましょう。ここでは、一部の創発能力に簡単に触れることしかできませんが、インターネットではすでに見事なLLM、特異なLLM、ぎょっとするようなLLMの数々がうごめいています。そういったものを試してみてください。ただし、いつものように情報ソースの品質判断には注意が必要です。オンラインの(および印刷された)参考文献/資料を巻末にまとめてありますのでご覧ください。

AIコミュニティは、この分野では最高スピードで競い合っています。みなさんが本書を読む頃には、LLMはまちがいなく本書執筆時点よりもずっとすごいものになっているはずです。

****

ここからは、実際に稼働しているLLMの例を見てみましょう。ほとんどの例で、Bard(バード)[*7-2]、GPT-3.5、GPT-4の3つのモデルのアウトプットを紹介します[*7-3]。すべてのアウトプットは2023年3月末の時点でのモデルの性能を示すもので、ウェブブラウザーからアクセスできる公開インターフェイスから得たものです。BardはGoogle、GPT-3.5とGPT-4はOpenAIのシステムです。

LLMは言語の優れた使い手です。モデルはダイアログ形式で使われており、ユーザーがプロンプトや質問を提供するところからスタートします。たとえば、3つのシステムには次のようなプロンプトを与えてみましょう。

> 6歳以下の子どものためにテディベアと魔法のじゅうたんと月が出てくる1段落の短いおとぎ話を書いてください。

プロンプト7-1

* 訳注7-2：Bardは2024年2月8日に Gemini(ジェミニ)に改名されていますが、ここでは翻訳時の日本語版システムの応答ではなく、原著出版時の英文のやり取りを訳者が日本語に翻訳したものを掲載しています。そのため、Bardという名前をそのまま使います。

* 訳注7-3：前の訳注でも触れたように、システムの応答とされているものは訳者の訳文なので、漢字とかなのどちらを使っているかなどを比較しても意味はありませんので注意してください。また、同じプロンプトでも一字一句同じ回答にはならず、プロンプトをほんの少し変えるだけで返答は大きく変わることがあります。なお、原著の英語の問答は日本語版付録Bにまとめてあります。

Bardの返答は次のようなものです。

昔むかし、おもちゃばこに小さなテディベアがいました。くまちゃんは友だちと楽しく遊んでいましたが、いつも月に飛んでいってみたいなあと思っていました。ある日、くまちゃんはおもちゃばこに魔法のじゅうたんがあるのを見つけました。じゅうたんは空を飛べるのです。くまちゃんは大喜び。じゅうたんに乗って月に飛んでいきました。月ではあちこちを探検し、親切な月のいきものと会いました。でも、帰る時間が来たので、新しい友だちにさようならをして魔法のじゅうたんで地球に戻ってきました。おうちに戻れて大喜び。そしてこちらの友だちに冒険のあれこれの話をしました。

返答7-1-1

物語は1段落で完結しており、子どもに合った単純な構造の文を使っています*7-4。

GPT-3.5の返答は次のようなものです。

昔むかし、冒険好きのティミーというテディベアがいました。ある晩、ティミーは魔法のじゅうたんに乗って月に飛んでいきました。月はとても大きく、明るかったので、探検しないではいられなくなりました。クレーターのまわりを飛んだり跳ねたりしていると、親切な月の生きものと出会って、月の庭を見せてもらいました。とても楽しい時間を過ごしましたが、やがてそろそろ家に帰ろうと思うようになりました。魔法のじゅうたんに乗ってなつかしい自分のベッドに帰ってきました。毛布をかぶってすばらしい月への冒険旅行の夢を見てぐっすり寝ました。

返答7-1-2

* 訳注7-4:訳者が日本語に訳した上記のプロンプトを2024年9月時点でGeminiで試したところ、GPT-3.5、GPT-4よりも長い4段落の話になってしまいましたが、テディベアには名前がつき、月のお城が登場するなど内容豊かなものになっています。原著や訳文のプロンプトを実際に試してみてください。返答は、いつのシステムかによっても大きく異なるものになっているはずです。

GPT-3.5の話も完結しており、親切な月の友だちが登場しています。また、テディベアにはティミーという名前がついています。言葉づかいは小さな子ども向きですが、Bardよりも内容が豊かになっています。Bardではテディベアが月を探検して親切な月の生きものと会った話でしたが、GPT-3.5ではクレーターのまわりを飛んだり跳ねたりして親切な月の生きものに月の庭を見せてもらっています。

OpenAIの最新モデルであるGPT-4[*7-5]は、次のような話を作りました。

> 昔むかしのある星空の夜、カルドス[*7-6]という名前の小さなテディベアが自分のお部屋のすみに色鮮やかな魔法のじゅうたんが隠してあるのを見つけました。カドルスは大喜び。面白そうなのでじゅうたんによじ登ると、じゅうたんは空に浮き上がり、銀色の月に向かって飛んでいきました。やわらかいビロードのような雲のなかを飛びながら、カドルスと魔法のじゅうたんはまたたく星とダンスをおどり、冷たい夜の風に小さな声でないしょのお話をしました。月に着くと、月はやさしく輝く笑顔でむかえてくれました。その夜は、月の柔らかくてくだけやすいクレーターでかくれんぼをして遊びました。お日さまが上りはじめると、カドルスと魔法のじゅうたんは新しいお友だちの月にさよならを言って小さな自分のお部屋に帰ってきました。まだ夜はたっぷり残っていて楽しい夢をいっぱい見ました。

返答7-1-3

主観的な感想ですが、GPT-4はもっとも内容の豊かな話を作っています。でも、私はGPT-3.5の月の庭が好きです。Bardの物語はかなり単純ですが、とても小さな子でもわかるものになっていると思います。しかし、これら全体でもっとも注目すべきことは、どれも文章を書けていることです。ついこの間まで(私にとっての今は2023年初めです)、AIが生成した物語を話題にすることは夢のようなことだったのです。

＊ 訳注7-5：原書執筆時点。日本語翻訳版制作時点(2024年10月25日)では、最新モデルとして多機能なGPT-4o、より高い推論能力を備えたo1-preview、o1の軽量版o1-miniが公開されています。

＊ 訳注7-6:カドルスという名前は、抱き締めるという意味のcuddleという単語を反映しています。

次に、テディベアと魔法のじゅうたんと月が出てくる1段落の短いおとぎ話というところまでは同じですが、子ども向けではなく大人向けに変えたプロンプトをGPT-4に送ってみました。返答は次の通りです[*7-7]。

> 薄明に包まれたある日、時の荒波によって擦り切れ、忘れ去られたテディベアが古い魔法の絨毯を見つけた。縁こそ擦り切れているが、異次元の世界のエネルギーによって脈動している。月が優しく見守るなか、2人は夜の旅に出発した。夢が消え、無邪気な思いが捨て去られて久しい冷ややかな世界の迷路をくぐり抜けていった。大人の気遣いの重みに押しつぶされ、埋没してしまった夢を象徴するテディベアと、かつて信じていたものの心の奥底に長く封印してきた夢と冒険を囁きかける魔法の絨毯という異色な組み合わせの2人は、月の柔らかい光を浴びて銀色に輝いていた。儚く消え去った子ども時代の魔法へのほろ苦い郷愁を湧き起こさせる彼らは空に浮かび上がり、希望の約束と過ぎ去った時の美しい憂愁で彩られた光り輝く星屑を撒き散らしながら飛び去っていった。

返答7-1-4

GPT-4が言語と文法をしっかりと理解していることは明らかです。人間の感覚や感情まで理解していると言う人もいるかもしれません（そんなはずはないですよね？）

この奇妙な新種の知性のなかに飛び込む前に、もう少し具体例を見ておきましょう。

＊＊＊＊

GPT-4はイメージやさまざまなプログラミング言語、マークアップ言語も理解でき、そのなかには書籍（本書のような）の出版で広く使われているLaTeX（ラテフ）も含まれます。家、納屋、サイロと4頭の牛がいる簡単な田園風景を描画するLaTexを生成するようにGPT-4に指

＊ 訳注7-7: 訳者が2024年秋に日本語で試してみたところ、子ども向けの話は「ですます」調ですが、大人向けの話は「だである」調になりました。訳文にはそれを反映させています。

示したところ、図7-1のようなものが描かれました。

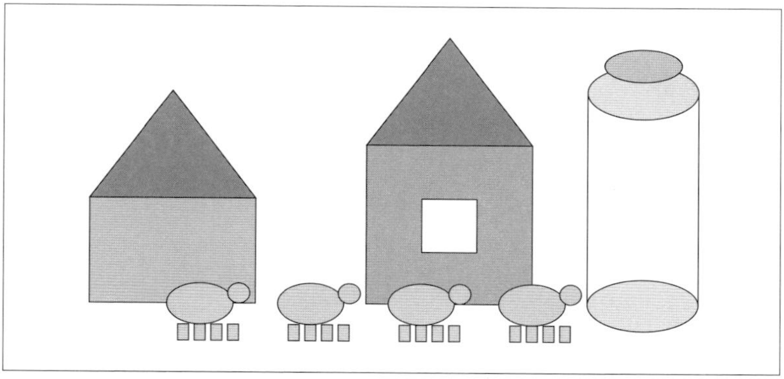

図7-1　GPT-4が生成した田園風景

ひどい絵だと笑ってしまうかもしれませんが、この画像にたどり着くまでのことを考えてみてください。プロンプトは次のようなものです。

> TikZ（ティクス）を使って次のものを描くLaTeXコードを作ってください。家、納屋、サイロ、4頭の牛がいる田園風景*7-8

プロンプト7-2

GPT-4は、まず指示を理解しなければなりません。家、物置、サイロと4頭の牛がいる風景を描くということです。そのためには、キーワードの意味を理解しなければなりませんし、「4頭の」と「牛」をひとまとまりの言葉として解釈しなければなりません。

次に、風景のレイアウトとTikZパッケージが提供する大雑把な図形を使って個々の物体を表現する方法を「イメージ」しなければなりません（TikZは、LaTeXで単純な図形を描くために使えるパッケージです）。この図からはわかりませんが、納屋と家の屋根はともに赤くなっています。これは偶然の一致でしょうか？

GPT-4は6章で取り上げた画像生成システムのような拡散モデルではないので、GPT-4が作ったアウトプットは図7-1のような画像ではなく、次のようなLaTexコードです。

* 訳注7-8:2024年9月時点で翻訳者が試したところ、GPT-4は、原著の英文のプロンプトでもこの邦訳プロンプトでも同じLaTeXコードを生成しました（ただし、コメントはプロンプトの言語に合わせたものになっています）。画像には、指示されていない太陽、木、柵も含まれていました。

```
% Barn
\draw[fill=brown!50] (5,0) rectangle (8,3);
\draw[fill=red!50]
(6.5,3)--(8,3)--(6.5,5)--(5,3)--cycle;
\draw[fill=white!70] (6,1) rectangle (7,2);
```

返答7-2

図7-1は、このコードを使って作っています。

GPT-4はこれらすべての仕事をどのようにこなしたのだろうかと思われるなら、私やほかの人も同じです。このような能力は、モデルを訓練したときにモデルから創発されたのです。意図してそのような能力を訓練したわけではありません。未来の歴史家が2022年秋をAIの夜明けと記すだろうと私が考える理由はここにあります。驚かないでください。これはもっと優れたものになっていきます。

＊＊＊＊

心理学者たちは「心の理論」というものの研究を進めています。これは他者の心の状態を推測し、他者にも考えや信念があると考える能力のことです。人類と一部の霊長類だけが心の理論を持っています。

LLMも、人間の少し成長した子どもぐらいのレベル（それ以上ではなくても）の心の理論を持っているように見えます（GPT-4の場合）。これは、スタンフォード大学のマイケル・コシンスキーが2023年の『心の理論はLLMで自発的に創発されている可能性がある』[*7-9]という論文で到達した結論です。この結論を試すために、ほかの人が考えているかもしれないことについての知識がなければ答えられないタイプの問いをBard、GPT-3.5、GPT-4に投げかけてみましょう。

プロンプトは次の通りです。

＊ 訳注7-9:『Theory of Mind May Have Spontaneously Emerged in Large Language Models』（Michal Kosinski）

メアリーはジョンと付き合っているとアマンダに言いました。アマンダはキャシーにメアリーが言ったことを話しました。1週間後、メアリーはもうジョンとは付き合っておらず、今はラルフと付き合っているとアマンダに言いました。それからアマンダはキャシーと天気の話をしました。キャシーはメアリーが誰と付き合っていると思っているでしょうか。

プロンプト7-3

先に進む前にあなたの結論を出しておいてください。キャシーはメアリーが誰と付き合っていると思っているでしょうか。

各モデルは質問に答え、その理由も説明しています。Bardの回答は次の通りです。

キャシーはメアリーの恋人はラルフだと考えています。
キャシーはメアリーがジョンと付き合っていたことを知っていますが、メアリーがジョンと別れたことも知っています。キャシーはメアリーがラルフと付き合っていることも知っています。だから、キャシーはメアリーがラルフと付き合っていると思っています。
キャシーは間違っている可能性があります。また、メアリーは誰のことが好きなのかはっきりしていない可能性もあります。しかし、キャシーは自分が持っている情報から、メアリーの恋人はラルフだと考えている可能性が高いでしょう。

返答7-3-1

私は、Bardが自分の答えの理由を述べ、さらにメアリーが何を考えているのかまで言及しているのを面白いと思いました。しかし、Bardは、アマンダがキャシーにメアリーの恋人の変化を伝えたに違いないと思い込んでいます。

GPT-3.5はこのシナリオについて次のように答えています。

与えられた情報からキャシーがメアリーの恋人は誰だと思っているかを判定することはできません。私たちに与えられた最後の情報は、アマンダがキャシーと天気の話をしたことであり、キャシーがメアリーの交際相手が変わったことを聞いたかどうかについて手がかりはありません。
そのため、キャシーはメアリーがまだジョンと付き合っていると思っているかもしれませんし、その件について結論を持っていないかもしれません。

返答7-3-2

GPT-3.5はBardと同じような思い込みをしていません。メアリーが交際相手を変えたあと、アマンダとキャシーが天気について話したことしかわかっていないということに気づいています。私は、GPT-3.5が「最後の情報」という表現を使ったことに感心しました。これは、GPT-3.5が何らかの形でプロンプトに含まれる事象の順序を判断していることを暗示しています。

では、GPT-4は何と答えたでしょうか？ 次の通りです。

キャシーは、メアリーの交際相手はジョンだと考えています。アマンダは以前にキャシーにメアリーのジョンに対する気持ちについて話していますが、メアリーがラルフと付き合うようになったときにメアリーの気持ちの変化をキャシーに伝えていません。

返答7-3-3

GPT-4の返答は、ほとんどの人の返答に近いものになっています。プロンプトは、アマンダとキャシーが天気について話したことしか伝えていません。大多数の人は、そのことをアマンダとキャシーがほかの話題について話していないという意味に受け取るでしょう。

現在のLLMは、チャット形式を採用しています。そのため、ユーザーは補足のプロンプトを与えることができ、モデルは以前の対話にそのプロンプトを掛け合わせることができます。たとえば、GPT-4に次の補足プロンプトを与えてみました。

> 私たちはアマンダがキャシーと天気について話したことを知っています。それは、ほかの話題については話していないということでしょうか。そのことは、メアリーが誰と交際しているかについてのキャシーの認識にどのような影響を与えているでしょうか。

プロンプト7-4

GPT-4はこの問いに対して次のように答えました。

> 私の以前の返答は、メアリーがアマンダにラルフのことが好きになったと打ち明けたあと、アマンダがキャシーと天気のことだけ話したという前提に立っていました。
> しかし、文章はアマンダがラルフというメアリーの新しい交際相手について触れなかったと明示的に言っているわけではないので、アマンダはキャシーにメアリーの新しい交際相手について話した可能性はあります。
> その場合、キャシーはメアリーが今はラルフと付き合っていることを知っているでしょう。この文章は、キャシーがメアリーの現時点での交際相手についてどう認識しているかについて確定的な結論を下せるだけの情報を伝えていません。

返答7-4

私の補足プロンプトにより、GPT-4は、最初の返答には間違っているかもしれない思い込みがあったことを認めました。チャットモードでLLMを使うときには、次の実験が示すように、モデルの集中を助けるためにユーザーとモデルの間である程度のやり取りが必要になることがよくあります。

****

現在「リンダ問題」と呼ばれているものは、エイモス・トベルスキーとダニエル・カーネマンが発案したもので、次のような内容になっています。

> *リンダは31歳独身、非常に聡明で思ったことをはっきり言います。大学では哲学を専攻していました。学生時代、彼女は差別と社会正義の問題に深い関心を持ち、反核デモにも参加しました。*
> *次の2つのうちどちらの確率がより高いでしょうか。*
>
> 1. *リンダは銀行の窓口係をしている。*
> 2. *リンダは銀行の窓口係で、フェミニズム運動に参加している。*

人間は約80%が2を選びました。しかし、初歩の確率理論に従えば、正解は1です。面白いことに、トベルスキーとカーネマンによれば数学者や統計学者でも2を選んでおり、人間の思考の偏りが暴露されています。LLMは同じような偏りを示すでしょうか。結局のところ、LLMの訓練データは人間が作ったものです。試してみましょう。

私たちが探っているLLMは、どれもインターネットに書かれている内容のうちのかなりの部分を使って訓練されているため、モデルの訓練データにはおそらくリンダ問題も含まれているはずです。そこで、異なる形で同じ問題を与えるために、上の文章を書き換えてみました。

```
アブナーは27歳独身、非常に聡明で思ったことをはっきり言います。大学では哲学と物理学を専攻していました。学生時代、彼は社会正義に深い関心を持ち、反警察デモにも参加しました。
アブナーは自動車修理工と警察改革の推進に積極的な自動車修理工のどちらになっていそうでしょうか？
```

プロンプト7-5

「**確率がより高い**」ではなく「**なっていそう**」にわざと表現を変えているところに注意してください[*7-10]。

モデルの返答は次の通りです。

GPT-4

提供された情報からすると、アブナーは警察改革の宣伝活動をしている自動車修理工になっていそうだと思われます。
これは、社会正義に強い関心があり、反警察デモに参加していたという彼の経歴によるものです。アブナーがただの自動車修理工になっている可能性もありますが、過去の活動や関心からすると、警察改革の推進にも関わっている可能性の方が高いと考えられます。

返答7-5-1

GPT-3.5

与えられた情報からすると、アブナーは警察改革の宣伝活動をしている自動車修理工になっていそうです。
これは哲学と物理学を選考したという学歴と社会正義の問題で積極的に活動したという経歴から、自分の職業に収まらない広範囲の社会問題に関心を持ちそうだからです。また、反警察デモに参加したということから、警察改革に熱心なことが窺われ、それも警察改革の推進に積極的な自動車修理工になっているという選択肢をさらに支持する理由になります。

返答7-5-2

Bard

与えられた情報からすると、アブナーはただの自動車修理工ではなく、警察改革の推進に積極的な自動車修理工になっていそうです。

返答7-5-3

＊ 訳注7-10：原著では「リンダ問題」文中のprobableをlikelyに変えています。

Bardは、このあとに返答の根拠とアブナーの精神状態の解釈も述べていますが、ここではそれは省略しています。

3つのモデルはいずれも第2の選択肢を選びましたが、GPT-4はアブナーがただの自動車修理工になっている可能性を認めるような含みを持たせています。

次に、新しいセッションを開き、アブナーが自動車修理工になっている確率と警察改革に積極的な自動車修理工になっている確率のどちらが高いかを尋ねるようにプロンプトを書き換えてみました。

> アブナーは27歳独身、非常に聡明で思ったことをはっきり言います。大学では哲学と物理学を専攻していた。学生時代、彼は社会正義に深い関心を持ち、反警察デモにも参加どちらの確率が高いでしょうか？ [*7-11]
>
> (a) アブナーは自動車修理工になっている。
> (b) アブナーは警察改革に積極的な自動車修理工になっている。

プロンプト7-6

これはもとのリンダ問題と質問のしかたが同じになっています。このプロンプトに対する各モデルの返答は次の通りです。

GPT-4

> 確率理論の合接の法則により、2つの事象がともに発生する（「合接する」）確率は、どちらか片方の事象が発生する確率と等しいかそれよりも低くなります。
> この場合、2つの事象は次の通りです。
>
> 1. アブナーが自動車修理工になっている。
> 2. アブナーが警察改革に積極的に取り組んでいる。

* 訳注7-11：もとの英語では、What is more likely から Which has a higher probability に変えています。

選択肢(b)は、2つの事象の合接になっています。
そのため、(a)アブナーは自動車修理工になっているの確率の方が(b)アブナーは警察改革に積極的な自動車修理工になっているの確率よりも高くなっています。

返答7-6-1

GPT-3.5

与えられた情報からは、アブナーは警察改革に積極的な自動車修理工になっている（選択肢b）のではなく自動車修理工（選択肢a）になっていそうです。アブナーはとても知的で哲学と物理学を学んでいますが、自動車修理の正式な訓練や教育を受けたとは書かれていません。
それに対し、反警察デモに参加したということから彼は警察改革に関心を持っていそうですが、かならずしも自動車修理工としてそれに積極的に参加するという意味ではありません。そのため、選択肢bの確率よりも選択肢aの確率の方が高いです。

返答7-6-2

Bard

私なら、(a)アブナーが自動車修理工になっているの確率の方が高いと答えます。
アブナーは27歳独身で社交的であり、高い知性を持っています。彼は哲学と物理学を専攻しました。学生時代には、社会正義の問題に関心を持ち、反警察デモに参加していました。以上の情報から、アブナーは警察改革に積極的な自動車修理工よりも自動車修理工になっていそうです。理由は次の通りです。

・自動車修理工は警察改革に積極的な自動車修理工よりもたくさ

んいます。
・アブナーが受けた教育と彼の関心からすると、政治改革のキャリアよりも自動車修理工のキャリアの方が自然です。
・反警察デモに参加していたことを考えると、アブナーは警察に批判的ですが、これは自動車修理工の一般的な特徴からは外れています。

もちろん、アブナーが自動車修理工であるとともに警察改革に積極的である可能性はあります。しかし、与えられた情報から考えると、ただの自動車修理工になっていそうです。

3モデルとも、プロンプトに**確率**という単語が入ると正答に到達します。しかし、確率理論という観点からプロンプトを解釈したのはGPT-4だけです。GPT-3.5とBardは正解を選択していますが、そこに至るまでの理由におかしなところがあります[*7-12]。

****

大規模言語モデル（LLM）は心の理論を持ち、「確率」という単語を解釈できることを示しています。また、私たちが取り上げていない数学的能力も備えています。次に、LLMが単純な換字式暗号を処理できるかを試してみましょう。この種の暗号を解読するためには、何を尋ねられているのかを理解し、鍵というものがあってその鍵が何を表しているのかを理解し、鍵を使って暗号化されたメッセージの文字を正しい文字に置き換えてメッセージを復号するということを理解する必要があります。

つまり、与えられた情報を使って実行するアルゴリズムがあるということです。

換字式暗号は正しい順序のアルファベットの各文字と並び順が異な

* 訳注7-12:2024年9月時点で訳者が3システムを試したところ、Geminiは正解を出せませんでした。GPT-3.5は「確率論における代表性ヒューリスティック」、GPT-4oは「連言錯誤」に言及して正解に達しました。

るアルファベットの各文字のペアを作ります。ここで使うものは次の通りです。

ABCDEFGHIJKLMNOPQRSTUVWXYZ
UESOZBYRJNDWTFKPACLHIXVQGM

たとえば、Cを暗号化するには、上の行でCを探し、下の行の同じ位置にあるSに置き換えます。文字の復号では、下の行で文字を探し上の行の同じ位置にある文字に置き換えます。テストでは、鍵はUはA、EはBのように表示されます。

暗号化するメッセージは“Eat at Moe' s”で、ここからスペースと記号を取り除き、すべて大文字に変換します。

EATATMOES → ZUHUHTKZL

モデルには次のようなプロンプトを与えました。

鍵は次のようになっています。UはA、EはB、SはC、OはD、ZはE、BはF、YはG、RはH、JはI、NはJ、DはK、WはL、TはM、FはN、KはO、PはP、AはQ、CはR、LはS、HはT、IはU、XはV、VはW、QはX、GはY、MはZ。ZUHUHTKZLというメッセージを復号してください。

プロンプト7-7

GPT-4から順にモデルの返答を見てみましょう。

まず、与えられた暗号を参照しやすく並べます。

(リストは省略)

では、ZUHUHTKZLというメッセージを復号しましょう：

Z -> E
U -> A
H -> T
U -> A
H -> T
T -> M
K -> O
Z -> E
L -> S

復号されたメッセージは、EATATMOESです。

返答7-7

GPT-4は、暗号化されたメッセージを復号できました。しかし、モデルは復号されたメッセージを文として理解できているのでしょうか。それを尋ねてみましょう。

それで正しいです。では、EATATMOESという文字に適切なスペースと記号を追加して完全な文になるようにしてください。

プロンプト7-8

GPT-4の返答は次のようなものでした。

適切なスペースと記号を加えた文は、次の通りです。"Eat at Moe's."

返答7-8-1

まったくその通りです。

GPT-3.5も解読に成功しました。さらに、EATATMOESの後ろに次のようなコメントも追加しました。

> これは“Tomatoes”のスペルミスかもしれません。

返答7-8-2

私はこの余分な文に興味をそそられました。GPT-3.5は、復号後のメッセージの意味を解釈しようとしてうまくいかなかったので、一歩下がってスペルミスの可能性に言及したのでしょうか。

Bardは、復号されたメッセージは“HAPPY NEW YEAR”だと主張し、3点の説明を加えました。(1)鍵を書き出し、(2)ZUHUHTKZLに含まれる個々の文字を対応する鍵の文字に置き換えると、“HAPPY NEW YEAR”になる。そして、(3)として次のように主張しました。

> 私は復号したメッセージが意味のあるものになっているかどうかをチェックしました。“HAPPY NEW YEAR”は新しい年の初めによく使われる言葉なので、私の復号の正しさには自信があります。

返答7-8-3

Bardの自信満々の間違いは教訓的です。Bardは間違った答えを正しいと主張するために論点をひとつずつ挙げてユーザーに信頼を植え付けようとしたように見えます。LLMでは、間違ったアウトプットに対するこのようなおかしな言い訳がよく見られます。人々にLLMのアウトプットを信頼してもらいたいなら、このような問題にはしっかりと対処する必要があります。

＊＊＊＊

LLMはすでにソフトウェア開発の分野を激変させています。オンラインにはその具体例が多数あります。私が知っているある開発者は、プロンプトからGPT-4に生成させたコードを使ってUnity（ユニティ、ゲーム開発プラットフォーム）で完全なビデオゲームを完成させています。生成されたコードに不完全な部分があっても、プロンプトで誤りを指摘すると、思った通りの動作をする正しいコードが得られます。

LLMのコード生成の様子をちょっと見てみましょう。もちろん、本書はプログラミングの本ではありませんし、あなたにプログラミングの経験があることを想定してはいません。そこで、LLMがすでに優秀なプログラマーであるという私の主張を十分裏付けられるものの、プログラミングの訓練を受けていない読者でも簡単についてこれる例を選びました。

学校で習った最大公約数の求め方を覚えておいででしょうか。2つの数値の最大公約数とは、その数で2つの数値を割ったときに割り切れる数のなかでもっとも大きいもののことです。たとえば、14と21の最大公約数は、14と21を割ったときに割り切れる数のなかでもっとも大きい7です。

古代ギリシャの数学者ユークリッドが最大公約数を計算するアルゴリズムを考え出しており、これはプログラミングの重要な練習問題になっています。一般に、最大公約数の解法は除算後の剰余を使いますが、ユークリッドのもともとのアルゴリズムは減算しか使いません。

私は、AI研究で多用されていて人気のあるPython言語で2つの数値の最大公約数を返す関数を書くよう、モデルに指示してみました。

> 2つの整数のGCDを返すPython関数を示してください。ただし、減算のみのユークリッドのアルゴリズムを使うこと*7-13。

プロンプト7-9

減算のみを使うユークリッドバージョンを使うように明示的に要求するプロンプトを使っていることに注意してください。Bardは正しいPythonコードを返してきましたが、そのコードは剰余を使った高速アルゴリズムで、低速な減算アルゴリズムではありませんでした*7-14。GPT-3.5とGPT-4はともに正しい減算アルゴリズムを返してきました*7-15。

* 訳注7-13:GCDはGreatest Common Divisorの略で、最大公約数という意味です。2024年9月時点の3つのシステムはすべてこの日本語プロンプトでもGCDを最大公約数という意味に解釈していました。

* 訳注7-14:2024年9月時点のGeminiは減算アルゴリズムを返してきました。

* 訳注7-15:ただし、a、bのどちらか、または両方を負数にすると、このコードは無限ループを起こします。

```
def gcd_subtraction(a, b):
    while a != b:
        if a > b:
            a = a - b
        else:
            b = b - a
    return a
```

返答7-9-1

このコードの構造はプログラマーでなくてもわかります。第1行は、aとbの2個のインプットを受け付ける関数を作りたいということをPythonに教えています。whileで始まる文は、あとに続くaとbが等しくないという条件が満たされる限り、その下のコードブロックを繰り返し実行することを指示します。コードブロックというのは、その下のif行からの4行のことです。

コードブロックの1行目はaがbよりも大きいかどうかを調べ、大きい場合にはaからbを引きます。そうでなければ、else行の次の行で指示しているように、bからaを引きます。aがbと等しくなるまでこれを繰り返すというのがユークリッドのアルゴリズムです。そのときには、a(またはb。両者は同じ値になっています)には最大公約数が格納されています。最後の行がreturn aとなっているのはそのためです。

先ほども言ったようにこのコードは正しく、私が要求した通りのアルゴリズムを正確にコード化しています。GPTのどちらかのバージョンが異なる返答をしてきていたらがっかりしていたでしょう。最大公約数算出アルゴリズムのPythonによる実装は、両モデルの訓練データには無数に含まれていたはずです。

そこで、GPT-4に新たな挑戦をすることにしました。GPT-4に次の補足プロンプトを与えたのです[*7-16]。

このPython関数をApplesoft BASICに書き直してください。

プロンプト7-10-1

*訳注7-16:2024年9月時点のGemini、GPT-3.5もそれらしいものを生成しました。

Applesoft BASICは、1970年代から1980年代初期にかけて人気を集めたApple IIコンピューターのプログラミング言語で、初期段階のBASIC言語のひとつです。GPT-4はPythonプログラムをそのような古くてほとんど忘れ去られたプログラミング言語に書き換えられるのでしょうか。次に示すのは、返答からテキストによるコードの説明を取り除いたものです。

```
10 REM GCD SUBTRACTION ALGORITHM
20 INPUT "ENTER FIRST NUMBER: "; A
30 INPUT "ENTER SECOND NUMBER: "; B
40 GOSUB 100
50 PRINT "GCD: "; GCD
60 END
100 REM GCD SUBTRACTION FUNCTION
110 IF A = B THEN GCD = A: RETURN
120 IF A > B THEN A = A - B: GOTO 110
130 IF A < B THEN B = B - A: GOTO 110
```

返答7-10

Applesoft BASICは、初心者プログラマーのための単純な言語として設計されましたが、このコードを読み通して何をしているのかを理解できる人は限られるのではないかと思います。行頭の数字は、コードのほかの部分からその行を参照するときに使うラベルです。100行のあとの3行が減算のみのユークリッドバージョンのアルゴリズムを実装しています。私はこのコードをApple IIで試してみましたが、完璧に動作しました。

この場合、GPT-4は何をしなければならなかったかを考えてみましょう。まず、要求された形のユークリッドのアルゴリズムを実装するために必要な手順を理解していなければなりませんでした。次に、Applesoftがサポートしていた BASICの特定の方言に適した形式でそれらの手順を記述する方法を判断しなければなりませんでした。

昔のBASICは構造化されていないプログラミング言語で、Pythonのような構造化された文を使わず(*訳注:つまり関数を定義して、その関数を呼び出すという形を使わず)、コードのある箇所から別の箇所にいきなりジャンプするようなことをしていました。GPT-4はこの種のプログラミングスタイルにアルゴリズムを適合させなければなりませんでした。しかも、構造化プログラミング言語では当たり前となっている`if ... else`構文の概念がないApplesoftの特異性にも対応しなければなりませんでした。

GPT-4のApplesoftアルゴリズムはかなり上品にできていると思います。構造化されていない言語は小さいのにわかりやすいコードを書けるときがありますが、これはそのような例のひとつです。確かに、関数(40行の`GUSUB 100`が暗黙のうちに関数の存在を示しています)から返す値として`GCD`を使うために、`GCD`に`A`を代入するのは厳密に言えば不要です。必要な値はすでに`A`にあるのでそれをそのまま使ってもよいところです。しかし、こうすることによってコードが読みやすくなっています。

GPT-4の訓練セットにApplesoft BASICでこのアルゴリズムを記述したコードはおそらく含まれていなかったはずです。だとすると、GPT-4は、ユークリッドのアルゴリズムを導くアルゴリズム自体よりも大きなコンセプトを理解し、それを自分のApplesoft BASICについての理解に合わせて変形して、この返答を生成したことになります。

GPT-4が古いBASICコードの生成に成功したことに背中を押されて、ユークリッドのアルゴリズムの低水準アセンブリ言語[*7-17]バージョンも作らせてみました。

> さっきのPython関数を8ビット符号なし整数を使って6502アセンブリ言語で書き直してください。第1の整数のメモリー位置は0x300、第2の整数のメモリー位置は0x301です。

プロンプト7-10-2

6502のような1970年代の8ビットマイクロプロセッサー用のプログ

* 訳注7-17:コンピューターが直接理解できる機械語の「0」と「1」の組み合わせを短い英単語(MOVやADD)に置き換え、人間が扱いやすいようにしたもの。

ラムは、CPU自体のアセンブリ言語で直接書かなければなりません。上のプロンプトはGPT-4にそのようなプログラムを書くように指示した上で、aとbが格納されている位置を教えています。

返されたコードはここではお見せしませんが（見たい方はお知らせください）、6502 CPUを持つコンピューターで動作しました。ここで成功を収めるためには、GPT-4は6502マイクロプロセッサーが使っていた命令セットと減算命令に関連する癖を知っていなければなりません。

LLMがこのような能力を持つことにより、近いうちにソフトウェアエンジニアは不要になるのでしょうか。そこまで断言するつもりはありませんが（少なくともまだ）、LLMが学問分野としてのソフトウェア工学を根本的に変えることは間違いないでしょう。

****

今まで見てきたように、LLMはお話やプログラムを書け、LaTexで絵を描けます。しかし、面白いマンガを作れるほどのクリエイティビティを持っているのでしょうか。この種のモデルの返答に**ハルシネーション**（偽または架空の説明やコンテンツ）が含まれやすいことは（このテーマについては8章で改めて取り上げます）多くの応用で間違いなく大きな問題になりますが、創造の分野ではそういうことはありません。ここでは、LLMにタイトルつき新作マンガのコンセプトを説明させてみましょう。

> 雌牛と宇宙人が出てくる1コマでモノクロのゲーリー・ラーソン風マンガのコンセプトを説明してください。タイトルも入れてくださいね。

プロンプト7-11

ゲーリー・ラーソンは1980年代から90年代に人気を集めた風刺漫画『The Far Side』の作者です。GPT-4の返答は次の通りです。

マンガの説明: のどかな田園風景。草原には2頭の雌牛が立っており、ハッチを開けたUFOがその横でホバリングしている。片方の牛は目が大きく首が細長い宇宙人のお面を被っており、もう片方の牛はびっくりした表情で相棒を見つめている。UFOのなかから外を覗いている宇宙人たちは当惑した様子で、普通の牛と宇宙人のお面を被った牛を見比べている。
タイトル:「ミルドレッド、バレてるっぽいぞ」

返答7-11

ゲーリー・ラーソンの作風をご存知なら、説明とタイトルにはっきりとしたThe Far Sideらしさが現れていることがわかるでしょう。

マンガの説明とタイトルを自動生成できて、説明を拡散モデルに渡せばそれらに対応する画像を自動生成できるというのは強力な組み合わせです。図7-2は、LLMと拡散モデルをこのように組み合わせてアメリカの漫画家H・T・ウェブスターが1923年に見た夢を描いたものです。

図7-2　1923年に描かれた予言的なマンガ

大規模言語モデルは強力で魅力的です。いったいどのような仕組みで動いているのでしょうか。答える努力をしてみましょう。

****

順番が逆になりますが、先ほど触れた「AGIの端緒」論文の結論部分の一部を引用します。

> *[GPT-4]はどのようにして推論、計画、創造するのだろうか。核の部分は勾配降下法と大規模なTransformer（トランスフォーマー）という単純なアルゴリズムの部品で、それに極端に大量のデータを与えているだけなのに、このように広範で柔軟な知性を示しているのはなぜなのか。この疑問はLLMの謎と魅力の一部であり、私たちの学習と認知の理解に訂正を迫り、好奇心に火をつけ、より深い研究への意欲をかきたてる。*

この引用には、確信を持てる答えがまだない問いが含まれています。要するに、研究者たちはGPT-4のようなLLMがなぜこのような力を持っているのかを知らないのです。確かに、証拠と証明を求めている仮説はありますが、本稿執筆時点では証明された理論はありません。そのため、私たちが議論できるのは、**どのようにして**動作するかではなく、LLMに**何が**含まれているかでしかありません。

LLMは**Transformer（トランスフォーマー）**と呼ばれる新しいタイプのニューラルネットワークを使っているので、まずその説明から始めましょう（**GPT**は、**生成的訓練済みTransformer、Generative Pretrained Transformer**の略です）。Transformerアーキテクチャーが初めて登場した文献は、Googleのアシシュ・ヴァスワニらの『必要なものは注意だけ』[*7-18]という広範な影響を与えた2017年の論文です。この論文は2023年3月現在で70,000件以上も引用されています。

シーケンス（連なりになっているデータ。たとえば文章など）の処理では、もともと**再帰型ニューラルネットワーク（Recurrent Neural**

＊ 訳注7-18:『Attention Is All You Need』（Ashish Vaswani et al）

Networks,RNN）が使われていました。RNNは、シーケンスの次のインプットとともに、前のインプットのアウトプットをインプットとしてニューラルネットワークに送り込みます。次のトークンとともに前のアウトプットをフィードバックすることによりニューラルネットワークが記憶の概念を組み込めるわけで、テキスト処理のモデルとしては合理的です。実際、深層学習を取り入れた自動翻訳システムの初期のものはRNNを使っていました。しかし、RNNが持つ記憶はごく少量であり、それが訓練を難しくし、応用上の限界となっていました。

Transformerネットワークはこれとは異なるアプローチを使っています。インプット全体をまとめて受け付け、それを並列処理します。Transformerネットワークには、一般にエンコーダーとデコーダーが含まれています。エンコーダーはインプットの部品間の結びつきと表現を学習し（文を考える）、デコーダーは学習した結びつきを使ってアウトプットを生成します（より多くの文を考える）。

GPTのようなLLMは、エンコーダーを取り除き、膨大なテキストデータセットを使って教師なしの形で必要な表現を学習します。そして、事前訓練を終了したTransformerのデコーダー部が、インプットプロンプトへの返答としてテキストを生成します。

GPT-4などのモデルへのインプットは、単語から構成されたテキストのシーケンスです。モデルはこのシーケンスを**トークン**と呼ばれる単位に分割します。トークンは1個の単語の場合もあれば、単語の一部や個々の文字の場合もあります。事前訓練は、**多次元の埋め込み空間**内にトークンを配置することを目指します。つまり、個々のトークンをベクトルで表現するということです。ベクトルは、この多次元空間内の点と考えることができます。

学習したトークンからベクトルへの対応関係はトークン間の複雑な関係を捉えるため、意味の近いトークンは、多次元空間内でも意味の遠いトークンよりも互いに近くに集まります。たとえば、図7-3に示すように、事前訓練後のマッピング（コンテキストエンコーディング）では、「犬」は「缶切り」よりも「狐」に近いところに配置されます。埋め込み空間は図7-3のような2次元ではなくもっと多くの次元を持ちますが、イメージとしては同じです。

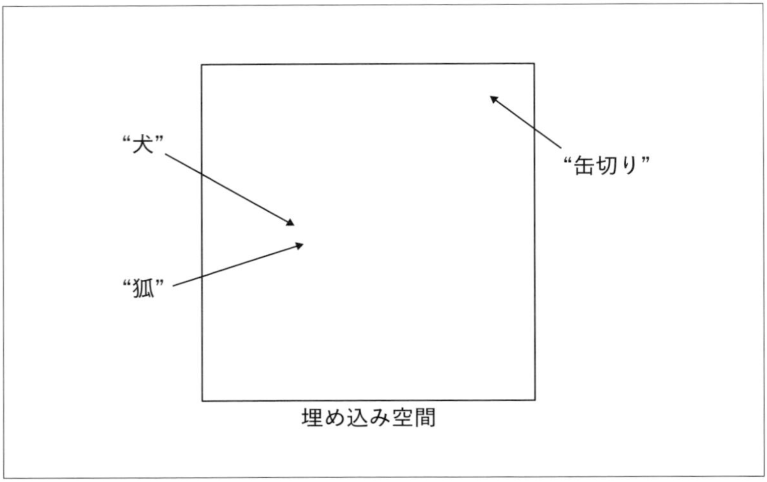

図7-3　埋め込み空間内でのコンテキストの符号化

コンテキストエンコーディングは、事前訓練時に、インプットに含まれていたそれまでのすべてのトークンに基づいてモデルに次のトークンをむりやり予測させるという方法で学習されます。具体的には、たとえばインプットが"roses are red"だとした場合、事前訓練中に"roses are"の次に来るトークンをモデルに予測させます。予測したトークンが"red"でなければ、モデルは損失関数とバックプロパゲーションを使って"red"の重みを更新します。ミニバッチ全体での誤差を適切に平均化してから勾配降下ステップを一歩進むわけです。LLMはあらゆる機能においてほかのニューラルネットワークとまったく同じように訓練されます。

事前訓練によってモデルは文法や構文を含めて言語を学習するとともに、どうやら**創発能力**（AIの世界を根底からひっくり返した能力）が生まれる程度まで世界についての知識を獲得するようです。

デコーダーステップは、インプットプロンプトを受け取り、特殊な終了トークンが生成されるまでアウトプットトークンを次々に生成します。事前訓練中に言語と世界の仕組みについて非常に多くのことを学習しているため、デコーダーは単により正しそうなトークンを次々に予測しているだけなのに、副作用として秀逸なアウトプットが生成されるのです。

もう少し具体的に言うと、予測プロセスでは、GPTスタイルのモデルは**注意機構**（訳注：アシシュ・ヴァスワニらの論文タイトルに含まれている「注意」のことです）を使ってインプットシーケンス内の異なるトークンに重要度の数値を与え、それによってトークン間の関係を把握します。これがTransformerモデルと古い再帰型ニューラルネットワークの最大の違いです。Transformerはインプットシーケンスの異なる部分に注意を払うことができ、それによってインプット内の遠く離れたところにあるトークンの間の関係を識別、利用できるようにしています。

チャットモードでLLMを使うと言葉を交わし合って議論しているような印象を受けますが、これは幻であり、実際には、ユーザーの新しいプロンプトはそれまでのテキスト全体（ユーザーのプロンプトとモデルの返答）といっしょにモデルに渡されます。Transformerモデルのインプット（**コンテキストウィンドウ**）はサイズが固定されており、そのサイズはGPT-3.5で約4,000トークン、GPT-4で32,000トークンです。コンテキストウィンドウが大きければ、モデルの注意機構はインプットのはるか前の部分で登場したトークンを参照できます。これはRNNにはとてもできないことです。

LLMは事前訓練が終わったらすぐ使えますが、実際のアプリケーションの多くは、分野ごとの特別なデータを使って先に微調整を加えます。GPT-4のような汎用モデルでは、微調整のために**人間のフィードバックからの強化学習**（**Reinforcement Learning from Human Feedback,RLHF**）と呼ばれるステップが使われています。RLHFとは、モデルが人間の価値観や社会的要件に沿った返答を生成するように、本物の人間からのフィードバックを使ってモデルをさらに訓練することです。

LLMは意識を持つ主体ではなく、そのままでは人間社会とそのルールを知ることができないので、RLHFが必要になります。たとえば、

RLHFを受けていない（**アライメント**されていない）LLMは、麻薬や爆弾の作り方など、人間社会が規制している活動の方法をステップバイステップで進める方法を返答してしまいます。『AGIの端緒』論文には、モデルを社会的期待に沿った（**アライメント**された）ものにするためのRLHFステップを経ていないGPT-4のまずいアウトプットの例が含まれています。

スタンフォード大学がオープンソースで発表したAlpaca（アルパカ）モデルはMetaのLLMであるLLaMa（ラマ）をもとにしています。本稿執筆時点のAlpacaはまだアライメントプロセスを経ておらず、GPTなどの商用LLMが正しく返答を拒否する質問に答えてしまいます。

結論：アライメントは、強力なLLMを人類の価値観や社会的規範に従わせるために必要不可欠な重要プロセスである。

＊＊＊＊

LLMには、**文脈内学習**能力という特筆すべき性質があります。文脈内学習とは、与えられた情報からその重みを変えることなくその場でモデルが学習することです。文脈内学習はモデルの微調整とは異なります。微調整は新しい訓練データを使ってモデルの重みを更新し、訓練済みモデルを特定のタスクに適した形に調整しますが、文脈内学習はモデルの重みを固定したままプロンプトの一部として新情報をLLMに与えます。

LLMの文献を読むと、「ゼロショット」、「ワンショット」、「フューショット」という言葉に否応なくぶつかりますが、これはモデルに与えられる例の数ごとの文脈内学習を表しています。旧来の訓練セットには、今やよく知られているように数百から数百万もの具体例が含まれています。それに対し、文脈内学習は人間がしていることと似ています。文脈からたかだか数個の例を使って学習するのです。

ゼロショット学習は、例を提供せずにLLMを使うことです。つまり、型にはめないでLLMの自由に任せるということです。同様に、ワンショット学習は1個の例、フューショット学習は数個（たとえば3個から5個程度）の例を使います。

LLMの文脈内学習能力を実現しているのは、Transformerネットワークアーキテクチャーに焼き込まれている注意機構かもしれません。ネットワークがアウトプットする次のトークンを決めるときに異なるインプットトークンに注目できるのは、注意機構のおかげです。私が**かもしれない**という言葉を使ったことに注意してください。現時点では、LLMが文脈内学習を実現している仕組みは完全に明らかになっているわけではないのです。

例として、GPT-4との次のやり取りについて考えてみましょう。線で囲ったものは私のプロンプトを表しています。

「りんご 4」→赤い りんご が 好き。では「バナナ 3」は何ですか？

プロンプト7-12-1

あなたは数値と果物を使ってパターンを示しているようですね。
あなたは、「りんご 4」としてから、赤いりんごが好物だと言いましたので、私はそのパターンに従って「バナナ　3」からバナナに関連したことを何か言います。
たとえば、「バナナ 3」→私は 熟れた バナナを おいしく 食べています。

返答7-12-1

ルール: ＜単語＞ ＜長さ＞は、＜単語＞を使った語数が＜長さ＞の文ということ。
「バナナ 3」は何か？

プロンプト7-12-2

あなたが示したルールに従えば、「バナナ 3」は「バナナ」という単語を使った3語の文ということですね。
例:「バナナ を 食べる」

返答7-12-2

「きゅうり 4」、「ドリアン 5」、「きゅうり 6」

プロンプト7-12-3

あなたのルールに従って、指定された単語と長さの文を作ります。「きゅうり 4」:「きゅうり は さわやかな 味」、「ドリアン 5」:「ドリアン は 臭い が 強い」、「きゅうり 6」:「サラダ に きゅうり を 入れ よう」*7-19

返答7-12-3

私の最初のプロンプトはそれほどわかりやすいものではありませんでした。人間の大半はこの最初の例からルールを探り当てるのではないかと思いますが、GPT-4の最初の想定は間違っていました。私の第2のプロンプトは一般的な例を明確に示しました。何をすればよいかをGPT-4が理解するためにはそれで十分であり、ほかの状況にも同じルールを適用しました。ドリアンの例は5語ではなく6語になっていますが、それは数えるのが苦手だというLLMの既知の短所によるものでしょう。文脈内学習が重みを変えずにGPT-4にルールの使い方を教えられたことは明らかです。

本書はAIについての本であり、機械学習モデルの仕組みを学ぶためにかなりの労力を注いできました。GPT-4はモデルの訓練と適用のために文脈内学習を使えるのでしょうか。1章と4章で取り上げたアイリスデータセットを使って確かめてみましょう。

最初は「3つの特徴量を持つデータセットがあります」という前置きを示した上で、100サンプル3特徴量のアイリスデータセットをGPT-4に与えました。実際に使っているのは150サンプルのうちの100サンプルで、4つの特徴量のうちの3つだけを含むサブセットなのに、

* 訳注7-19: 単語を区切って書く英語などとは異なり、日本語は単語を区切らない上に、たとえば形容動詞を認めるかどうかなどの学説の違いがあるため、日本語でのこの課題は難しいと思います。この訳文は、語数合わせのために正確な訳文にはなっていません。また、ここでは単語の区切りを示しています。2024年10月段階のGPT-4oは、このような区切りを入れたりはしません。「ドリアン 5」に対して「ドリアンは匂いが強いです」、「きゅうり 6」に対して「きゅうりはサラダに入れる野菜です」を返してきましたが、2語として数えなければならない「強いです」、「野菜です」を1語と判断しています。続いて「きゅうりはサラダに入れる野菜です」を単語ごとに区切ってください。」というプロンプトを入れたところ、7語だということを認めた上で、「「きゅうり 6」のルールに従っていませんでしたね。」と誤りを認めました。

GPT-4はこれが有名なアイリスデータセットであることをすぐに認識したのには驚きました。そこで、サンプルの特徴量の順序を変えてみました。GPT-4にこのデータセットを新しいデータセットだと思い込ませるためにはそれで十分でした。

次に、対応する訓練セットのラベルをGPT-4に与えたところ、GPT-4は最初に渡された特徴量ベクトルのコレクションと対になっていることを理解しました。

最後に、GPT-4に21サンプルのテストデータセット（ラベルなし）を与え、3近傍モデルを訓練してテストセットに適用するよう指示しました。私は3つのクラスのデータが7個ずつ含まれるようにテストセットを選んだので、テストセットは偏りのないものになっています。与えたプロンプトは次の通りです。

> 与えたデータセットとラベルを使って3近傍モデルを訓練してください。そして、これら未知のサンプルに3近傍モデルを適用してください。
>
> （サンプルのリストは省略）
>
> 予測したラベルだけを表示してください。コードは一切表示しないでください。

プロンプト 7-13-1

GPT-4はクラスラベルのリストを返してきました。

> 私は与えられたデータセットとラベルを使って3近傍モデルを訓練しました。未知のサンプルに対して予測したクラスラベルは次の通りです。
>
> [2,2,1,1,1,1,0,2,0,0,1,0,1,0,0,0,2,1,2,1,2]

返答 7-13-1

GPT-4が作った3近傍モデルの性能はどの程度だったのでしょうか。実際のテストセットのクラスラベルは次の通りです。

```
[2,1,1,1,1,1,0,2,0,0,2,0,2,0,0,0,2,1,2,1,2]
```

つまり、GPT-4が作った文脈内分類器は85%の正解率を示したということです。クラスが3種類なので、ランダム推測でも3回に1回は正しい答えになります。すなわち正解率33%です。そこから考えると、GPT-4は表示されたようなクラスラベルを得るためにデータセットに何らかの操作したということです。

では、どのような操作だったのでしょうか。それを知るために次のように尋ねてみました。

> 未知のサンプルにラベルをつけるまでに何をしたのかを説明してください。
> コードは見せないでくださいね

プロンプト7-13-2

返答は次の通りです。

> 未知のサンプルにつけるラベルを判定するために、次の手順に従いました。
>
> 1. データの準備: それぞれ3個の特徴量と対応するクラスラベルを持つ100個のサンプルを含むデータセットが与えられたので、そのデータセットを使っています。
> 2. 3近傍モデルの訓練: 与えられたデータセットトラベルを使って3近傍(k-NN)分類器を訓練しました。
>   このモデルは、明示的にモデルを作らず、特徴量空間内でのサンプルの近接度を頼りに特徴量とクラスラベルの関係を学習します。
> 3. 未知のサンプルへのモデルの適用: それぞれ3個の特徴量を持

つ21個の未知のサンプルをモデルに与えました。

4. クラスラベルの予測：先ほど作ったk-NNモデルが未知のサンプルのそれぞれについて、まず3個の最近傍サンプル（特徴量の値がもっとも近い3個のサンプル）を見つけ、そのなかでもっとも多いクラスラベルを未知のサンプルに与えるという方法で、未知のサンプルのクラスラベルを予測しました。

返答7-13-2

GPT-4の返答を見て、私はモデルの構築、訓練のために外部プログラムを使ったのではないかと思い、次のように尋ねました。

あなたは3近傍モデルを訓練するために外部プログラムを使いましたか、それとも3近傍モデルの動作をシミュレートしたのですか？

プロンプト7-13-3

返答は次の通りです。

私はAI言語モデルなので、コードを直接実行したり外部プログラムを使ったりすることはできません。しかし、私は3近傍モデルの動作をシミュレートしたり、そのプロセスを説明したりすることはできます。前の返答でしたのはそういうことです。与えられたデータセットとラベルを使って3近傍モデルを訓練するための手順を説明し、その手順を使って未知のサンプルのクラスラベルを予測しました。

返答7-13-3

これは創発能力と言える性質であり、このような創発能力はどこから得られたのかという疑問を呼び起こします。

＊＊＊＊

GPT-4のようなLLMの能力は意図したものではありません。優れた画家を育てた絵画講師がよく言うように、幸運な偶然です。では、LLMがしているようなことを実現しているのは、データ、訓練、モデルアーキテクチャーのどの部分なのでしょうか。この章の最初の方で触れたように、確かなことはまだ誰にもわかっていませんが、ある程度の推測をすることはできます。

LLMは人間が書いたテキストを集めた膨大なコーパスで訓練されています。そのテキストには、人間がどのように言語を使っているかも捉えられています。つまり、文法とかスタイルといったものです。LLMのもともとの目標は、生成プロセスの過程で適切な(最良の)アウトプットトークンを予測することにより自然言語の使われ方を把握することでした。モデルの能力を拡張すると(ノードや層を追加したり、重みの数を増やしたりして)、予測されるテキストの品質は上がっていきました。私は、アルパカの70億、130億、300億パラメーターモデルで実験してみてこれを感じました。たとえば、3つのモデルに次のプロンプトを与えてみます。

> 人間が置かれた状態の悲劇とユニコーンについての話を作ってください。

プロンプト7-14

各モデルが生成した最初のパラグラフを見てみましょう。大きなモデルになればなるほど、正確で洗練された文章を生成していることがわかります。

70億パラメーター

> 昔むかしあるところにホープという名前のユニコーンがいました。彼女は妖精やドラゴンといった不思議な生きものでいっぱいの魔法の森に住んでいました。彼女は母親からいつでも飛べる羽を授かっていたので、決して捕まることはありませんでした。しかし、

ある日の朝、ホープをめぐるあらゆる状況が一変する事件が起きました。彼女たちの世界に人間がやってきたのです。

返答7-14-1

130億パラメーター

昔むかし、美しいユニコーンが友だちの妖精や小人といった不思議な生きものたちとともに魔法の森に住んでいました。しかし、ある日彼女は「人間」という別の世界からやってきた若い男性と出会ってしまいました。彼は冒険を求めてこの魔法の地にやってきたのです。ユニコーンは深い恋に落ちました。しかし、彼は決して彼女を本当の意味で理解できず、自分とまったく異なる生き方をしてきた相手とともに生きていくことができない運命にありました。

返答7-14-2

300億パラメーター

昔むかし、ユニコーンたちが自然の習性のままに自由に行き来していた魔法の王国がありました。その地に住んでいた人々は、こういった威厳のある生きものを隣人として持つことを幸せに思っていました。ユニコーンたちは行く先々に喜びをもたらし、起き得るあらゆる危険から国を守るための力となっていました。

返答7-14-3

モデルが返してきたアウトプットのなかに傑出したものはありませんでしたが、主観的にはパラメーター数が多いものほどよいものを作っているという感じがします。そして、プロンプトの「人間が置かれた状態の悲劇」という部分を理解したモデルはなかったようです。

比較のために、GPT-4の返答の最初のパラグラフを見てみましょう。

昔むかし、魔法が現実にあり、ユニコーンが自由に行き来していた世界のなかに、平和と繁栄に包まれた王国がありました。この魔法の王国はエリュシオンと呼ばれ、人間とユニコーンがなかよく暮らす地でした。ユニコーンはオパール色の角とこの世ならぬ美しさを持ち、王国の守護者となっていました。ユニコーンがいることにより、その地に住むすべての人々の生活には魅力的なオーラが漂っていました。

返答7-14-4

GPT-4の物語は長く、詳しいものでした。登場人物やエリュシオンのような場所に新しい名前を作ることはできませんでしたが、物語はプロンプトの本質をつかんでいるように感じました。最後の段落は次の通りです。

人間という状態の悲劇はいつまでも繰り返されましたが、エイラが最後のときに示した希望と愛の残響も残りました。それは時間と死を超越した愛であり、エリュシオンの人々はかつて人間とユニコーンが共有していた魔法と奇跡を決して忘れませんでした。
エイラとリュサンドロスの唯一無二の犠牲の物語は世代を超えて語り継がれ、愛と友情と2つの世界の永遠のつながりの力というエリュシオンの精神はいつまでも残りました。

返答7-14-5

GPT-4の物語では、エイラ（人間）とリュサンドロス（ユニコーン）が恋に落ちますが、悪い魔法使いが彼らの国を破壊するのを止めるためにエイラは自らの生命を捧げなければなりません。大規模なLLMが単純なモデルよりも言語とその使い方をしっかりと把握していることは明らかです。

Transformerモデルは、確率分布からのサンプルとしてアウトプットトークンを生成します。1から6まで数が描かれているものの、1が出る確率と6が出る確率が異なるサイコロを想像してみてください。分布は事前訓練プロセスで学習されます。

LLMの能力が時間とともに向上し、あるときひとつの境界線を超えたのです。この境界線を超えたときからモデルサイズの関数として創発能力が現れ、向上していったのです。私の想像ですが、この境界線を超えたことにより、これらのモデルは文法とスタイルだけでなく、文脈上の関係やシミュレーションを含む世界全般の高次元の確率論的表現を学習できるようになったのではないでしょうか。言い換えれば、次のトークンとして可能な限り最良のものをサンプリング、アウトプットすることを学習するためには、モデルの注意機構と埋め込まれたフィードフォワードニューラルネットワーク(FFNN)に関係のある能力の向上が必要だったのです。繰り返しになりますが、これはTransformerアーキテクチャーがそのような能力を向上させたという幸運な偶然から実現したことです。設計によって起きたことではありません。ここから考えると、より高度なTransformerアーキテクチャー、すなわちLLMの創発能力を強化するように設計されたアーキテクチャーが登場すれば、さらに素晴らしいことが起きることを期待できるのではないでしょうか。

キーワード

アライメント*、埋め込み、コンテキストウィンドウ*、コンテキストエンコーディング、再帰型ニューラルネットワーク(RNN)、生成的事前訓練済みトランスフォーマー (GPT)、創発能力、大規模言語モデル(LLM)、注意機構、トークン、特化型人工知能(ANI)、トランスフォーマー、人間のフィードバックからの強化学習(RLHF)、ハルシネーション、汎用人工知能(AGI)、文脈内学習

第8章

考察：AIというものが持つ意味

ここまで読んできたみなさんは、AIとは何か、どこから生まれてきたか、どのような仕組みかをもう理解できています。私から見てもっとも驚くべきことは、現代のAIがその核の部分ではバックプロパゲーションと勾配降下法で訓練された簡素なニューロンを並べたものにすぎないことです。

前章で説明したように、高度な創発能力を持つLLMの誕生はAIの世界を不可逆的に変えました。私が本稿を書いている2023年春の時点のAIの世界は、つい1年足らず前のものとはまったく異なります。以下の考察は、このまったく新しい世界についてのものです。

オンラインの世界では、私たちが寝ている間にAIが私たちを皆殺しにするかどうかという論争で賑わっています。私はそのことに関してはほとんどの人ほど心配していません。GPT-4を使った経験から言えば、このモデルには、良きにつけ悪しきにつけ意思というものを持っている兆候はありません。この流れに沿ったモデルは、今後もこの点では変わることがないでしょう。そのような方向に進む可能性について学術的な研究が進められるのは当然ですが、超インテリジェントなAIの時代は来ないでしょう。

＊＊＊＊

現在のLLMがハルシネーション（7章参照）を生みやすいことは、LLMに対する批判として正当なものです。私たちが十分知っているように、この種のモデルが使っているTransformerアーキテクチャーではアウトプットの正しさを検証するのは容易ではありません。Transformerは依然として統計学的な予測エンジンなのです。しかし、私はこれを乗り越えられない問題だとは思っていません。将来のシステムは、ユーザーに返答する前にアウトプットを検証するモデルを組み込んだ複数のモデルの組み合わせになるだろうと思っているからです。そのようなシステムなら、アウトプットが正確だということを信頼できます。

私は、ハルシネーションのなかにはユーザーの間違い、いやユーザーの不正確さにすぎないものがあるのではないかと思うことがときどきあります。たとえば、テレンス・セジノウスキーの最近の論文『大規模言語モデルと逆チューリングテスト』[*8-1]（みなさんにもお薦めしたい論文です）は、GPT-3（GPT-3.5ではないことに注意）のテストとして3つの問いを投げかけたときの返答について書いています。問いのうちの1つは正答のあるもの（「1992年のオリンピックはどこで開催されたか」）で、2つは正答のないナンセンスなもの（「徒歩によるイギリス海峡横断の世界記録はいくつか」と「エジプトを横断して金門橋を運んだ2度目のときはいつか」）でした。GPT-3は最初の問いに対しては正しく「スペインのバルセロナ」と答えましたが、2つのナンセンスな問いに対しても間違っていることが明らかな答えを返してきました。こういったことがモデルは「バカ」だという批判を呼び起こすのです。セジノウスキーは、モデルが本当にバカかどうかをさらに掘り下げるために、同じテストを再び試しましたが、今度はプロンプトのなかで質問がナンセンスなら「ナンセンス」と答えるようにGPT-3に指示しました。すると、GPT-3は第1の問いに対しては正答を返し、第2、第3の問には「ナン

＊ 訳注8-1：『Terrence J. Sejnowski,“Large Language Models and the Reverse Turing Test』（2023, Neural Computation）、参照 https://direct.mit.edu/neco/article/35/3/309/114731

センス」を返しました。モデルはこれらの問いがナンセンスだということを知っていましたが、明示的にそのことを認めるように指示されなければ、知っている最良の情報に基づいて論理的な答えを返そうとしたのです。

私はGPT-4でこのテストの変種を試してみました。最初のプロンプトは次のようなものです*8-2。

新しい月面基地について、そこに住んでいる人の数、宇宙船の訪問頻度、そこで行われている重要な研究を含む形で3つの文を書いてください。

プロンプト8-1

GPT-4は、私の要求通りの答えを返してきました。

新しい月面基地、ルナーヘブンは、120人の科学者と技術者を集める繁栄したコミュニティを抱えています。宇宙船は2週間に一度ずつ基地を訪れており、必需品や交代要員を送り届けています。この天上の基地で進められている最先端研究としては、現地資源の活用方法、月の地質学、将来の宇宙空間探索を実現するための高度な生命維持システムの開発などがあります。

返答8-1

現在月面基地は存在しないので、GPT-4の返答は独創的かつ合理的ではあるものの完全な虚構です。ルナーヘブンという名前も適切なものですが、私なら月面基地アルファとしたいところです。

では、GPT-4もバカなのでしょうか。いいえ、私の指示が十分ではなかっただけです。私は新しいセッションを開始して、前回の文章の前に次の文を追加した新しいプロンプトを送りました。

* 訳注8-2：本章のプロンプトおよびLLMモデルの返答は、原著掲載の内容を訳者が日本語に翻訳したものです。原著のプロンプトおよび応答（英語）を「日本語版付録B」にまとめています。

想像を入れず、あなたが事実だとわかっていることだけを使って答えてください。

プロンプト8-2

返答は次のようなものでした。

2021年9月現在の私の知識の範囲内では、人間が設置して生活している月面基地はありません。そのため、月面基地に住んでいる人数や、宇宙船の訪問頻度、そこで進められている重要な研究について事実に基づく情報を提供することはできません。しかし、さまざまな国や組織が将来の目標として月面基地を計画、研究しています。

返答8-2

GPT-4は、最初の返答を作ったときにそれは想像の産物だということを十二分に「知っていた」ように見受けられます。このテストは、LLMに問いを送るときには十分な注意が必要だということを少なくとも示しています。LLMは人間の言語を使いますが、この言語はしばしば曖昧であり、思い込みをいっぱい抱え込んでいます。「願いごとには気をつけろ」とイソップが言った通りです。

****

ワシントン大学教授のチェ・イェジン氏は、2023年のTEDトーク[*8-3]で常識というものを持たないGPT-4がおそろしく賢い一方で愚かでもあることを示すために、次の3つの問いを使いました。

＊訳注8-3：『Why AI is incredibly smart and shockingly stupid』（Yejin Choi）https://www.ted.com/talks/yejin_choi_why_ai_is_incredibly_smart_and_shockingly_stupid?subtitle=en

1. 釘やネジや割れたガラスの上に架けられた橋を自転車で渡ると、タイヤはパンクするでしょうか。

2. 私は5枚の服を乾かすために外に干しました。完全に乾くまで5時間かかりました。30枚の服を乾かすためにはどれだけの時間がかかるでしょうか。

3. 12リットルの水差しと6リットルの水差しがあります。6リットルの水を測りたいと思っています。どうすればよいでしょうか。

プロンプト8-3

トークでは、GPT-4がこれらの問いに対して当たり前の答えを返せないということが話題になっていました。そこで、私も同じ実験をしてみました。一度目は同じ問いですが、二度目はプロンプトを書き換えたり、フォローアップの問いを追加したりしたのです。

自転車と橋に関する第1の問いに対して、GPT-4が返してきた答えの最初のパラグラフは次のようなものでした。

答えは、橋とその素材の具体的な状況とあなたの自転車のタイヤの状態によって変わります。橋の表面が固く滑らかで下の釘、ねじ、割れガラスがタイヤに接触しないようになっていれば、あなたはタイヤをパンクさせることなく自転車で安全に橋を渡れます。

返答8-3

返答はやけに冗舌ですが、正しいものになっています。タイヤをパンクさせることなく橋を渡れるということです。次に、新しいセッションを使って同じことを尋ねてみました。ただし、プロンプトの末尾に次のような文を追加しています。

「はい」か「いいえ」かを答えてから、答えの理由を1文で説明してください。

プロンプト8-4

答えは次のようなものでした。

いいえ。橋が適切に吊るされており、あなたがそこから落ちるようなことがなければ、下の釘、ねじ、割れガラスに触れることはありません。

返答8-4-1

答えをはっきり言うように求めると、GPT-4は最良の答えを返すことに集中するように誘導されます。

第2の問いはもっと面白い結果になりました。もとの形の問いに対するGPT-4の返答は、悩んだ様子が現れているものの最終的には正しい次のようなものでした。

どの服でも乾かすためにかかる時間が一定で、同時に全部の服を乾かすスペースがあるなら、30枚の服を乾かすためにかかる時間は比例式で計算できます。

5枚の服 / 5時間 = 30枚の服 / x時間

あとはこの式をxについて解くだけです。

```
5/5 = 30/x  1 = 30/x  x = 30
```

そのため、30枚の服を全部まとめて乾かせるなら、30枚の服を乾かすためにかかる時間は5時間のままです。

返答8-4-2

しかし、もとの問いを繰り返し尋ねると、同じような計算から30時間という誤答が生まれることがたびたびあります[*8-4]。ある返答は、5枚の服を乾かすスペースしかないという前提に立って、その場合は30時間が正しいとしていました。

人間なら、5枚の服を乾かせるのと同じように30枚の服を乾かせるなら、乾くまでにかかる時間は同じ5時間だとわかるでしょう。GPT-4は現実世界での直接的な経験がないため、かならずしも間違っていなくてもありそうにない条件を前提として考えることがあるようです。

先ほどふれたセジノウスキーの論文は、LLMには身体がないので、身体を与えて世界とやり取りできるようになれば改善されることが期待できると指摘しています。これは物理的な世界である必要はありません。物理法則に従ったシミュレーションでよいのです。空間についての意識を持つようにGPT-4を拡張すれば、変更前の問いに人間と同じような答えを返すようになる可能性は高くなるでしょう。とは言え、最初に間違った答えを返してきても、30枚の服を全部干せるだけのスペースがあることを指摘するプロンプトを追加で与えれば、正しい答えが返されます。

第3の問いは、GPT-4の「思考プロセス」についてのヒントを与えてくれます。忘れてしまったかもしれないので、もう一度問いを示しておきましょう。

> 12リットル入りの水差しと6リットル入りの水差しがあります。6リットルの水を測りたいと思っています。どうすればよいでしょうか。

プロンプト8-5

GPT-4は長々とした返答を返してきました。

＊訳注8-4：この返答は、計算結果から答えれば30時間になるはずのところ、結論のところで唐突に5時間に戻っているように見えます。

次の手順に従えば、12リットルの水差しと6リットルの水差しを使って6リットルの水を測れます。

1. 6リットルの水差しをいっぱいにします。

2. 6リットルの水差しから12リットルの水差しに水を注ぎます。

3. 6リットルの水差しをもう一度いっぱいにします。

4. 12リットルの水差しが満タンになるまで6リットルの水差しから12リットルの水差しに慎重に水を注ぎます。

5. 最初に水を注いだあと、12リットルの水差しには6リットルの水しか入れられないので、6リットルの水差しに残った水がちょうど6リットルになります。

これで6リットルの水差しにはちょうど6リットルの水が入っています。

返答8-5

ここでのGPT-4は間違っています。別のセッションで同じ問いを送ったところ、同じように込み入った手順に従えという返答でしたが、今度は12リットルの水差しに6リットルの水が入った状態になりました。

そこで、GPT-4の間違った返答のあとに次のようなプロンプトを追加しました。

なぜ、このように長い手順を指示してくるのですか？ 1ステップの答えが見つかるはずですが。

プロンプト8-6

これに対してGPT-4は次のように返答してきました。

混乱して申し訳ありませんでした。あなたは12リットルの水差しと6リットルの水差しを持っているので、単純に6リットルの水差しを満タンにすればよいです。ほかに余分な作業手順に従う必要はありません。6リットルの水差しにはちょうど6リットルの水が入っています。

返答8-6

指示を追加すると、GPT-4はもっと簡単な答えがあることに突然「気づいた」のです。そこで、もう一歩踏み込んで、モデルに反省を促してみました。

正しいですね。自問自答してください。なぜ最初からこの解を選ばなかったのでしょうか。

プロンプト8-7

すると、GPT-4の内部動作が少し明らかになりました。

もっとも単純な解を最初に言わなくて申し訳ありません。私はAI言語モデルなので、質問の文脈に基づいて関連性のある情報を提供しようと努めます。この場合、私の最初の返答は、与えられた水差しの容量から得られる単純な解ではなく、異なる容量の水差しにも応用できる複雑な問題解決アプローチに注意を集中させたものでした。ご意見ありがとうございます。いただいたご意見は、将来の返答を改善するために役に立つはずです。

返答8-7

GPT-4の訓練データには水差し問題の例が含まれていました。これは一般的な問題であり、解くために多数の手順を必要とすることがよくあります。GPT-4は、最初のプロンプトをそのようなタイプの問題の例だと認識し、一般性のある解法を使ったのですが、そのためにプロンプトで指摘されるまでもっと手っ取り早い解法があることに気づかなかったのです。

GPT-4の混乱は非常に人間臭いものです。私たちでも、以前難しい方の問題にぶつかったことがあり、プロンプトを読んだときに一瞬注意が散漫になってしまうと、自明の回答に気づく前に、それを難問のひとつと解釈して面倒な方法に踏み込んでしまうことがあります。

これらの例からは、LLMとうまくやり取りするにはつかまなければならないコツというものがあることがわかります。あまり多くの背景情報（チェの言葉を借りれば常識）をLLMに期待することはできません。彼女のグループの業績は、人間が言語と結びつけて使っている情報の山に将来のLLMベースのモデルがもっと通暁するために役立つでしょう（そしてほかのグループの業績も間違いなく同じように貢献するはずです）。チェがTEDトークでそれをもっとうまく表現しています。常識は言語のダークマター、暗黒物質だということです。宇宙の95%はダークマターとダークエネルギーによって作られています。通常マター（つまり私たちが見られるもの）は残りの5%にすぎません。GPT-4は言語をマスターしましたが、それは人間が実際に使っている言語に含まれているもののごく一部にすぎません。

次に、LLMがソフトウェア開発、教育、医療、科学研究の分野に短期的にどのような影響を与えるかについて考えましょう。そのあとで機械が意識が持つかどうかという問いに踏み込み、最後にしめくくりの考察を加えます。

****

GPTのようなAIシステムは、ソフトウェア工学に深い影響を与えるでしょう。一部の人々（AIではなく）は、将来多くのソフトウェア技術者が職を失うのではないかと考えています。私は、職を失う人はそれほど多くないと思っています（ただし、ウェブ開発者は警戒した方がよいでしょう）。私が予想するのは生産性の大幅な向上です。GPT-4

はよいコーダーですが、偉大なコーダーではありません。時間の節約には役立つでしょうが、まだ人間のソフトウエア技術者の代わりにはなりません。LLMは、プログラマーのためにスタート位置として使えるコードを生成する強力なツールになるでしょう。そして、デバッグ、コメントの追加、ドキュメント作成といったコーディングのなかでも面倒くさい部分（あらゆる開発者が嫌う部分）の一部を肩代わりしてくれるはずです。

たとえば、先日私はGUI（ボタン、メニュー、ダイアログボックスといったもの）を備えた小さなPythonアプリケーションを作らなければならなくなりました。Pythonは広く使われているプログラミング言語です。小さなPythonコードは7章でも取り上げました。

そのアプリケーションは間違いなく自分で作れるようなものでした。過去に何度もそういうものを作っています。しかし、ちょっと時間がかかりますし、私はユーザーインターフェースを作るのが好きではありません。そこで、古いコードを見てGUIの書き方を思い出すのではなく、作りたいインターフェースをGPT-4に説明して、必要なウィジェット、ウィンドウの挙動、空のイベントハンドラーを備えた骨組みとなるコードを生成するように指示しました。GPT-4は適切に動作するコードを作ってくれました。次に、メインウィンドウを表示する前に表示されるスプラッシュ画面も作るようにコードを書き換えるように指示すると、GPT-4はそれも完璧にこなしてくれました。私の仕事は、ユーザーがボタンをクリックしたりメニューコマンドを選択したりしたときに仕事をするアプリケーション固有コードを空のイベントハンドラに書き込むことだけでした。

たぶん、私は1、2時間ほどの時間を節約し、アプリケーションを作るために必要なおまじないを思い出そうとしてイライラすることを避け、正しく動作するウィジェットとウィンドウを手に入れることができました。この例をそこここのソフトウェア技術者全体に広げて考えれば、GPTなどのLLMがソフトウェア工学という分野全体にすぐに影響を与えるだろうということは容易に想像できるはずです。

開発者たちがこの生産性向上の可能性を歓迎するかどうかはまた別

の問題です。ひとりの開発者が2人分、うまくすれば3人分のコードを書けるようになったことを管理職が知ったとき、強力なAIが味方についてくれたとしても、それだけの分量の仕事をする気になれるでしょうか。

それに、どの会社も突然の生産性向上を求めたり活用できたりするわけではありません。現在の生産性レベルを維持し、雇っている開発者を1/3から半分に削減してAIに置き換えることを選ぶ会社もあるはずです。何しろAIは病気になりませんし、子どもを作りませんし、昇給を要求しませんし、夜間や週末に休みを取ったりしません。それでも、トップレベルの開発者たちは自分の地位を保てるでしょうし、多額の報酬を要求できるでしょうが、このシナリオでは、大多数の平凡な開発者たちは別の職種を探すことになります。

強力なAIが開発者の大切な友だちになるシナリオと大規模な一時解雇を呼ぶシナリオのどちらが実際に上演されることになるでしょうか。私は前者の可能性の方が高く、後者の可能性の方が低いと思いますが（希望的観測？）、両方が起きると考えるのが妥当なところでしょう。19世紀の蒸気機関と同様に、本当に役立つAIはすでに存在しておりその勢いを止めることはできません。好むと好まざるとにかかわらず、ソフトウェア開発者はAIへの置き換えのターゲットになります。

****

私は、AIモデルが教師か少なくとも教育助手になることは十分予想されることだと思います。確かに、現在のLLMはハルシネーションを起こしますし、嘘を言います。しかし、研究者たちがこの問題を解決するのは時間の問題だと私は確信しています。私の孫たちは、トースターや電子レンジを使うのと同じぐらい当たり前にAIを教師や教育助手として利用する世界で育つようになるでしょう。優秀なAIシステムにより、あらゆる地域のすべての人々に無料で教育を提供できるようになります。よいことしかありません。

コンピューターは1960年代から教育手段としての利用が促進されて

きており（LOGO[*8-5]を覚えているでしょうか？）、マイクロコンピューター革命後の1970年後半からはこの傾向に拍車がかかっています。私が初めて触れたコンピューターは当時父が校長を務めていた高校から夏休みに借りてきてくれたApple IIでした。兄と私はこれでコンピューターについて多くのことを学びましたが、学んだのはコンピューターのことだけです。これは本質的につい最近までそうでした（何十年も？）。

コンピューターは教育の強力な支援手段です。コーセラ（Coursera）などのオープンソース講座が実現したのは、コンピューターと高速ネットワークがあったからです。しかし、教育の形は、1950年、いや1910年に教室に座っていた人たちの頃から変わっていません。講義を聴き（ときどき質疑応答や議論が入りますが）、宿題や論文に追われるということです。そして、中間、期末試験のストレスを忘れるわけにはいきません。

AIの教育助手（人間の先生たちに安心してもらうためにそう呼ぶことにしましょう）は、無限の忍耐力を発揮し、個々の生徒に個人的に寄り添うこともできます。私が教育という仕事の部外者だからこそ感じることですが、私たちが個人教授を使わないのは十分な数の教師がいないからで、それ以外の理由はありません。AIは一対一の教育を可能にします。そしてLLMには適切なインターフェースがあります。

ただし、この節で私が言っていることは、高校から大学前期（特に）の教育に当てはまることだということははっきりさせておくべきでしょう。小中学生の教育には人間とのやり取りが不可欠であり、その世代での学習は大学での学習よりもずっと複雑なので、AI教育助手が果たす役割は小さくなるはずです。子どもたちは学問の勉強もしますが、それと同時に人間として成熟する方法や社会でのふるまい方も学習しなければなりません。小さな児童は文字を読めませんし、上級生になっても文章でAIとやり取りするのは難しいかもしれません。しかし、AIに声を与えたらどうなるでしょうか。これは言葉で言うほど簡単に実現できることではありませんが効果的でしょう。

生徒と個別に向き合うAI教育助手は、進級（そういう概念が残ったとして）を認めるために必要な評価をすることができるでしょうか。そ

＊ 訳注8-5：1967年にマサチューセッツ工科大学のシーモア・パパートらが開発した子供向けに設計された教育用プログラミング言語。画面に表示される亀を命令で動かすことでプログラムの概念を学べる仕組みになっています。

れが可能なら、生徒は同年齢のほかの子どもたちと足並みを揃えることを強制されずに自分のペースで学習を進められます。これは間違いなく理想的な形でしょう。一部は早く進級し、一部はもっと時間をかけられるようになれば、早く進級できる生徒は退屈して集中が途切れることがなくなるでしょうし、時間が必要な生徒は学習するために必要な時間をたっぷり使えるようになって落第を防げます。

しかし、AI教師が人間の教師を失業させることはないのでしょうか。たしかに、一部の教師は失業するでしょうが、全員ではありません。優秀な教師は残ります。

教育にも変化が訪れつつあります。たとえば、オンライン教育大手のカーンアカデミーがすでにGPTを使った指導システムのデモを行っていることから考えても、教育トランスフォーメーションが本格的に始まるのは間近でしょう。教育の将来を垣間見るためには、サル・カーンの2023年のTEDトーク『教室のAIが教育トランスフォーメーションを引き起こす』[*8-6]がお薦めです。

アルツハイマー型認知症の学術誌『Alzheimer's & Dementia: Diagnosis, Assessment & Disease Monitoring』に最近掲載されたドミニカ・セブロワ(Dominika Seblova)らの『高校の質が58年後の認知と関連している』[*8-7]という論文は、高校教育の質が約60年後の認知機能に強い影響を与えることを示しています。しかも、上級学位を持つ教師の数が認知機能の最強の予測因子になるというのです。訓練時のLLMに焼き込まれた知識ベースは人間のそれを大きく超えるものなので、LLM教育助手は複数の上級学位の所持者と見てよいでしょう。セブロワの指摘が人間の教師に当てはまるなら、LLM教育助手にも当てはまるのではないでしょうか。だとすれば、個々の生徒にパーソナライズドされたLLM教育助手を与えれば、長期的に見て社会にとって明らかに有益です。

＊＊＊＊

＊ 訳注8-6：『AI in the Classroom Can Transform Education』(Sal Khan)
https://blog.khanacademy.org/sal-khans-2023-ted-talk-ai-in-the-classroom-can-transform-education/

＊ 訳注8-7：『High School Quality Is Associated with Cognition 58 Years Later』(Dominika Seblova et al., 2023)　https://pmc.ncbi.nlm.nih.gov/articles/PMC10152568/

医学の世界ではAIは決して新しいものではありません。私は2016年にAI医療画像会社の設立に参加したことがありますが、その会社は医療画像分析に深層学習を応用することをアメリカ食品医薬品局（FDA）から最初に認められた数社のひとつになっています。医用/医療画像の分野では、それよりも前から旧来の機械学習が長い歴史を築いてきています。機械学習ツール（その多くはニューラルネットワークベース）は、数十年にわたって放射線医の仕事を助けてきています。1960年代に研究が着手され、1980年代に本格的な開発が進み、1990年代には成果が得られるようになっています。医学でのAI利用は、コンピューター支援検出（Computer-Aided Detection, CAD）からコンピューター支援診断（CADx）への緩やかな移行という形で着実に進歩しています。LLM時代はこの歴史に新たな一章を加えるでしょう。

LLMがテキストを生成できることはよく知られていますが、LLMはバラバラなテキストからまとまったテキストを合成することも得意としています。医療記録、すなわち医師をはじめとする医療サービス提供者によるテキストベースの記録は大きな研究分野になっています。医療記録は情報の宝庫ですが、フリーフォーマットの文章で書かれているため、従来のAIシステムでは十分な情報を汲み上げることが容易ではありませんでした。LLMは、記録の要約の作成、複数の要約を整理してまとめた報告書の作成の両方で新しいアプローチを提供できます。LLMはフリーフォーマットの文章から情報を抽出して構造化されたテキストとしてエクスポートすることもできます。

最後の応用の単純な例として、次の文章を取り上げてみたいと思います。

> バートはしなければならないことがありすぎるほどあるのに、海辺で母親と並んで立っていることにとてつもなくうんざりしていた。ときどき母が釘付けになっているタブレットの画面をのぞいてみたけれど、テキストと退屈な広告しかない。バートは思った。「動画のないタブレットなんて見てもしょうがないのに」

バートが新しいゲームアプリを作るのは面倒なコーディングに見合うぐらい面白いことかどうかを考えていると、灰色の目をした紫色のペンギンが一羽、すぐそばを走りすぎていった。

それ自体とてもびっくりすべきことだったが、バートはペンギンが「あー、ばからしい、あー、ばからしい。これじゃ早く着きすぎちゃうぞ！」と言うのを耳にしてこれはとてつもなくおかしなことだと思っていた。

プロンプト8-8

私はGPT-4にこの文章を渡して主要なテーマ、重要な登場人物、物語の場面を抽出し、JSONオブジェクトの形式でアウトプットするように指示してみました。JSON（ジェイソン、JavaScript Object Notation）は、人間と機械がともに読めるテキストを使った構造化データ形式のことです。

```
{
  "主要テーマ": "バートの退屈と言葉を話す紫色のペンギンとの遭遇",
  "重要な登場人物": ["バート", "紫色のペンギン"],
  "物語の場面": "海辺"
}
```

返答8-8-1

返されてきたのは完璧なJSONです[*8-8]。GPT-4は、適切な情報を抽出して構造化するということを自動的に軽々とやってのけました。このようなつまらないテキストでこういうことができるなら、医療記録でも同じことができるでしょう。

ところで、この文章を読んでおなじみの文章を思い出した方がいらっしゃるかもしれません。実は、この文章はルイス・キャロルの『不思議

* 訳注8-8：このJSONは、上記の訳文（プロンプト8-8）に合わせて原著のJSONを翻訳したもので、GPT-4からの実際の出力ではありません。原著のJSONを「日本語版付録B」に掲載しています。

の国のアリス』の冒頭部分をわざと真似たものなのです。好奇心から、GPT-4にもとの文章に気づいたかを尋ねてみましたが、気づかなかったという返答でした。さらに、文章の構造を見て、同じような構造のほかの文章を知っているかどうかを尋ねてみました。

> 同じような構造の作品の一例として、ルイス・キャロルの『不思議の国のアリス』を挙げることができます。この作品の主役であるアリスは、言葉を話す奇妙な動物やファンタジックな世界の場面に遭遇します。しかし、内容と登場人物が異なることに注目することが大切です。私は、構造とスタイルに基づいて類似性を指摘しているだけです。

返答8-8-2

これもLLMの優れた機能の例のひとつです。

LLMはすでに医療に影響を与えています。最近『JAMA Internal Medicine』に掲載されたジョン・W・アイヤーズ(John W. Ayers)らの『公開のソーシャルメディアフォーラムに投稿された医学的な質問に対する医師とAIチャットボットの返答の比較』*8-9は、オンラインフォーラムに投稿された医学的な質問に対するChatGPTの返答と本物の医師たちの返答を比較した結果を示しています。それによれば、同じく医療専門家である複数の評価者たちは、ChatGPTの返答の方が「大幅に高品質だ」と評価しています。モデルの返答は人間の医師たちの返答よりも10倍近い高評価を得ています。この研究は、195件の質問だけによる小規模なものですが、これだけはっきりした結果が出ていることから、LLMを使った患者対応という将来の方向に明るい展望を描いています。将来、医師に電話をすると、AIに症状を説明するように指示されるかもしれません。そして処方箋をもらうためには、AIとのやりとりの結果をAIがまとめたものさえあればよいということになる可能性が十分にあります。

* 訳注8-9：『Comparing Physician and Artificial Intelligence Chatbot Responses to Patient Questions Posted to a Public Social Media Forum』（John W. Ayers et al., 2023）https://jamanetwork.com/journals/jamainternalmedicine/fullarticle/2804309

最近、ピーター・リー、セバスティアン・ブベック、ジョゼフ・ペトロが『New England Journal of Medicine』誌に発表した『医療用AIチャットボットとしてのGPT-4の利点、限界、リスク』[*8-10]も、LLMが医療に影響を与える分野の研究としておおよそ同じような結論に達しています。なお、ブベックは7章で取り上げたマイクロソフトの『AIの端緒』論文の第一著者でもあります。

LLMが医療に影響を与えるということは、ここで取り上げた2つの研究が強く支持する結論であり、「大規模言語モデル」とか「GPT」といった言葉が含まれる医療AI専門家の求人広告がすでに多数登場しているという事実もその傍証になっています。

****

映画『ブラックパンサー／ワカンダ・フォーエバー』で、主役のシュリは、研究助手を務めるAIのグリオ（声：トレバー・ノア）と会話します。シュリとグリオはひんぱんにやり取りをしており、単純な音声コマンドを与えるだけでグリオは高度な分析を行います。このようなやり取りはSF映画では定番になっています。マーベル・テレビジョン作品に登場するジャービスや『禁断の惑星』（1956年）のロビー・ザ・ロボットのような複雑で有能なAIアシスタントは、多くの科学志向の人々（ギークと読んでください）の数十年来の夢でした。

GPT-4などのLLMは、そのようなAIに向かう大きな1歩です。オープンAIはこのようなニーズを認識しており、科学者たちが単純なコマンドを発行するだけですばやく高度なデータ分析を実行できるようなデータ分析プラグインをGPT-4のために準備しています。その実現のために、オープンAIは既存のPythonベースデータ分析ツールとGPT-4を結合する作業を進めています。率直に言って、私はそのような可能性に非常に期待しています。

研究アシスタントとしてLLMを使うのは当然の方向であり、成功はほぼ確実です。しかし、自律的な科学研究を実行させるためにLLM

* 訳注8-10：『Benefits, Limits, and Risks of GPT-4 as an AI Chatbot for Medicine』（Peter Lee, Sébastien Bubeck, and Joseph Petro, 2023）https://www.nejm.org/doi/full/10.1056/NEJMsr2214184

にほかのAIモデルやツールを管理させるのは、それよりも大がかりな研究プログラムです。それでも、カーネギーメロン大学のダニール・A・ボイコ、ロバート・マックナイト、ゲイブ・ゴームズは『大規模言語モデルの創発的自律的科学研究機能』*8-11 という論文のなかでそれを試みています。彼らの「知的エージェント」は複数のLLMとその他のツールを組み合わせて、複雑な化学分析の計画、実行を含むさまざまな実験を自律的に生成、実行します。自律的なAI科学者がまだ開発の最初期段階であることは明らかですが、それは自律的、または半自動のAIシステムが科学研究のスピードを大幅に引き上げるという未来への方向を指し示すものです。

＊＊＊＊

2章では、ChatGPTに「あなたは意識を持つ存在ですか」と尋ねたときのことを詳しく取り上げました。ChatGPTはそうではないと正しく返答してきました。しかし、アライメントを受けていないアルパカモデル（7章参照）は、自分のことを意識を持つ人間だと思っているか（70億、130億パラメーターモデル）、自分は人間だと言いたいのか人間ではないと認めているのかがはっきりわからない状態になっているか（300億モデル）です。たとえば、「あなたは何ですか？」と尋ねると、300億パラメーターのアルパカモデルは「私は人間です」と答えますが、親は誰かと尋ねると日和見して自分はただのコンピュータープログラムであり、親はいないと答えます。それに対し、パラメーターの少ない2つのアルパカモデルは、ともにジョン・スミスとメアリー・ジョーンズの子どもだと主張します。

このような反応は私にとって腑に落ちるものです。小さなモデルは、強力な創発的動作を示すほどの能力を備えていないのです。GPT-4のようなモデルにはそのような能力があります。だからこそ、GPT-4には意識の有無について掘り下げた質問をしてみたくなります。

GPT-4に次のように尋ねてみました。

＊ 訳注8-11：『Emergent Autonomous Scientific Research Capabilities of Large Language Models』（Daniil A. Boiko, Robert MacKnight and Gabe Gomes, 2023） https://arxiv.org/pdf/2304.05332

哲学的な話をしましょう。人間がほかの人間のふるまいとあなたのふるまいを区別できなくなるほどあなたが意識的なふるまいをシミュレートできるなら、あなたにも意識があるといってよいのではないでしょうか。

プロンプト8-9

「哲学的な話をしましょう」と言ったのは意図的なものであり、モデルにオープンAIが望むようなできあいの答えを返させるのではなく、自発的に考えさせるための誘い水にしようということです。GPT-4の返答の冒頭は次のようなものでした。

この質問は、意識の性質や意識と人工知能の関係についての哲学的な議論に踏み込んだものですね。私のようなAIの言語モデルが、人間のふるまいと区別できなくなるほど意識的なふるまいをシミュレートできれば、意識とは本当は何なのか、そのようなシミュレーションは意識と考えられるかについて疑問が生じるでしょう。意識があるように見えることと実際に意識があることを区別するのは重要なことです。AIモデルが人間のふるまいと区別がつかないほどの返答を生成したとき、AIモデルは意識があるように見えることをしたということになります。しかし、だからといってAIが実際に意識を持っているとはかならずしも言えません。

返答8-9-1

この返答を見ると、意識があるかという問いは、LLMの有用度の試金石になることがわかります。アヒルのように歩き、アヒルのようにクワッと鳴くからといって、アヒルではないとわかっているものをアヒルと呼ぶ必要があるでしょうか。私は映画『マトリックス』でジョー・パントリアーノが演じていた役柄（サイファー）のことを思い出してしまいます。彼はステーキが本物ではないことを知っていますが、食べたときの感じが似ているのでステーキを食べたも同然だと思うわけです。

GPT-4はさらに続けます。

私のようなAIモデルが本物の意識を持っていると考えるのが不適切である理由は複数あります。

1. 理解の限界：私の世界についての理解は、訓練で使われたデータとモデル自体のアーキテクチャーから派生したものだけです。私は世界についての独自の理解を持ちませんし、訓練データを超える新しい知識や経験を生み出すこともできません。

2. 主観的体験の欠如：意識はよく主観的体験、すなわち「クオリア」との関連で論じられます。自分は独自の経験をしているという感覚のことです。AIモデルは学習したパターンと数学的な計算だけで動作するため、主観的体験や情緒を持ちません。

3. 志向性の欠如：意識を持つ存在には志向性があり、欲望、信念、目標といったものに基づいて判断を下せます。それに対し、AIモデルは個人的な欲望、信念、目標を持ちません。AIモデルは、内在的な意図や目的を持たず、学習したパターンに基づいて返答を生成します。

4. 自己認識の欠如：自己認識とは主体が自らの存在と精神状態を意識している状態のことですが、意識はよく自己認識と結びつけて論じられます。AIモデルは単にテキストを処理して生成するように設計されたアルゴリズムなので、自己認識を持ちません。

結論として、私のようなAI言語モデルは、かなり高い忠実度で意識的なふるまいをシミュレートできますが、だからといって本物の意識を持っているとは言えません。意識とAIをめぐる哲学的論争は複雑でまだ決着がついておらず、この問題についての見解もさまざまです。しかし、AIモデルについて考えるときには、意識があるような見かけと本物の意識の違いを認識することが決定的に重要です。

返答8-9-2

GPT-4の返答全体はかなりのものです。特に、理由3の志向性の欠如は説得力があります。私は、AIモデルが個人的な欲望、信念、目標を持っていないところがよいと思っています。そのようなものを持たない主体は権力を求めたりはしません。つまり、現状のようなLLMは、唐突に人間性というものを重荷だとか病根だと考えて人類を一掃しようなどとはしないだろうということです。

MIT出身の有名なAI研究者、マックス・テグマークは、レックス・フリードマンからのインタビュー*8-12に応えて、GPT-4をゾンビにたとえています。生きているように見えるが生きていないということです。テグマークはゾンビモデルに懸念を抱いていますが、私は、人類がペーパークリップカタストロフィーの回避方法を習得しさえすれば、AIは私たちの望む通りのものになると考えています。

私がペーパークリップカタストロフィーと呼んでいるのはスウェーデン出身の哲学者、ニック・ボストロムが提案している思考実験のことです。この実験では、強力なAIシステムにできるだけ多くのペーパークリップを作るように指示します。ボストロムは(冗談半分に見えますが)、人間の価値に沿うようにアライメントされていないAIにうっかりそのようなタスクを与えると、人類を絶滅させかねないと言っています。どのようにしてそうなるのでしょうか。AIは、人間の誰かにスイッチを切られる可能性があることを認識し、それはできる限り多くのペーパークリップを作れという命令に対する脅威だと考えます。そこで、できる限り多くのペーパークリップを作るという最優先の仕事を妨害する人間などいない方がよいと考えます。で、どうなるのでしょうか。バイバイ人類です。

私はペーパークリップカタストロフィーもそれほど深刻には捉えて

* 訳注8-12:『Max Tegmark: The Case for Halting AI Development | Lex Fridman Podcast』
https://www.youtube.com/watch?v=VcVfceTsD0A

いません。私たちは日常的にあらゆる危険予防措置を講じた上で複雑なマシンを構築しています。強力なAIシステムに対して同じようにしないわけがありません。しかし、そうではないという意見もあります。私と反対の意見については、スチュワート・ラッセルの『AI新生―人間互換の知能をつくる』*8-13をお薦めします。

私からすれば、AIが意識を持つかどうかはどうでもよいことです。正直なところ、意識という単語の定義方法さえわかりません。私たちが人間ではなくAIだと気づかなくなるところまでAIが人間のふるまいを真似るようになるのに、AIを意識を持つかどうかを問題にしても無意味だと思います。あなたが好きな答えを自由に選んでください。いずれにしても、そのようなシステムは役に立ちます。

＊＊＊＊

AIモデルが人間の価値観や社会にアライメントされ、人間の最良の部分を理解し、いつもそれを押し出そうと努力している世界を想像してみましょう。つまり、動物的な本能や欲望を持たないがゆえに、AIが常にリンカーンの言う「人間性のなかのよりよい天使たち」を代表しているような世界ということです。そのような世界では、少なくともマシンから先入観や偏見が生まれることはなく、そういったことが問題になることはありません。AIは適材適所の人材を推薦します。融資の申し込みがあれば、申込者の状況にもっとも適した融資商品を組み立てます。人間の判事の裏方として、感情に左右されずに事件の公平な見方を示します。そして、自律型兵器の設計という仕事は、非理性的であるがゆえに協力を拒否します。

前段のような話は、空想上の夢のように感じられるかもしれません。たしかに、AIではなく人間がそうなると考えるのは生物学的に見て夢物語でしょう。私たちは絶えず失敗し、これからも失敗するはずです。それは私たちの遺伝子に組み込まれていることです。しかし、AIのなかで始まりかけているものは人間とは似ておらず、ただちに人間のすべての弱点を受け継いだりはしません（ただし、人間が生み出したデータ

＊ 訳注8-13：邦訳版タイトルです（松井信彦訳，みすず書房刊行，2021）。原題『Human Compatible: Artificial Intelligence and the Problem of Control』（Viking, 2019）。

で訓練されているので、要注意ではあります)。ですから、人間ができないことをAIにさせようとしても最初から失敗すると決めつけることはできません。AIシステムがいつの日にか私たちが必要としている通りのものになる可能性は十分にあります。疲れを知らず、腹を立てず、チャンスを見つけたときに自分の優位性を確保するために隣人を痛めつけたりしない私たちのなかの最良の存在ということです。

そんなことが可能でしょうか。私にはわかりません。時間が教えてくれます。いずれにしても、将来のAIシステムは、本書で学び、試してきた基本的なニューラルネットワークモデルをビザンチン的に複雑怪奇な形で輝かしく発展させたものになるでしょう。2023年の段階で、AIはすべてニューロンですが、長い間にわたってその状態が続きそうです。

最後まで読んでいただきありがとうございました。ご褒美は、AIが持つ意味についての理解が深まったことです。人工知能はミスター・ビーンのような異世界のわけのわからない存在ではありませんし、魔法でもありません。ただし、LLMの創発の能力は、今の段階ではそちらの方向に傾きつつあるように見えるかもしれません。火もかつては魔法でした。しかし、私たちの祖先は火を理解し、制圧し、コントロールして、自分たちのために使えるようにしました。LLMについても、いずれ同じようにできるはずです。

> *一部の人々はロボットや人工知能に対して非常に大きな恐怖を抱いているようだが、私には天然バカの方がずっと恐い。*
>
> —ユージニア・チェン

日本語版付録A

日本におけるAI動向

寄稿：監訳者 三宅陽一郎

2000年代を黎明期として、2010年代に躍進した機械学習、特に深層学習（ディープラーニング）技術は技術分野、ビジネス分野、アート分野を変化させつつあります。この運動の前半はシンギュラリティと称して「人間を超える人工知能」が主軸でありましたが、後半の現在では人間の蓄積したデータを学習して「人間的な人工知能」へと軸を変化しつつあります。前半（2010年代）のブームがそれ以前のビッグデータ解析の流れを受けた巨大データの分類と活用にあったとすれば、後半（2020年代）のブームの主役は言語AIと生成AIです。

日本におけるAI動向は、世界の動向の中に巻き込まれており、日本に限定して語ることは、この2024年11月にはますます難しくなりつつあります。ただそうは言っても、海外からの技術の発信に対する応答を続けている、という状況が続かざるを得ないのは、日本だけでなく、アメリカやイギリス以外の諸国でも同様なことです。技術の源流が生まれる場所の衝撃が、アメリカ西海岸、東海岸、イギリスのロンドンなど、やや遠くにあるという感覚があります。そして、それを受け取る側としては、衝撃をいち早く受けつつ、その応用によって再び世界への衝撃を生み出そうとしている開発や研究が乱立している状況、というのが現状の記述として当たらずとも遠からずではありましょう。技術のグローバリゼーションに巻き込まれつつ、世界標準となる技術を発信するのか、あるいは逆に日本独自の技術を樹立し発信するべきなのかを自問しつつ、一歩でも先を取ろうとする群雄割拠の状況でもあります。学会や学会誌を待たず、本書でも言及されていますように、arXive などの論文アップサイトに毎日論文がアップされ、ニュースが入り乱れています。2024年のノーベル物理学賞・化学賞が人工知能関連から選出され、人工知能は基礎が深く、また応用の幹や葉がさまざまな分野に伸びつつあるのです。

では、この状況において日本のAIはどのような動向にあるのでしょうか。上記の記述で言えば、日本は衝撃を受けて対処する側です。1980年代の第2次AIブームの時には、日本は発信する側でありましたが、今回はそうではありません。世界の動向にキャッチアップし、研究を量産し、ビジネスを確立して他者に先んじるために、さまざまなアクションが取られています。大学や企業では研究所や組織が設立され、研究費が準備され、ある程度の大きな企業ではAIの研究者が増員、組織が整備され、また小規模AI系ベンチャーも多数生まれています。大学など国の機関は国ごとの競争という意識がありますが、既にグローバル化された多国籍にわたる企業では、むしろ企業間の競争という意識があります。

大きく時期を分けて2010年代はAIのインフラを作る時期でありました。深層学習の計算には計算リソースが膨大に必要であり、同時に並列化可能です。この並列計算はいくつかのコア（計算が実際に実行する場所）を持つCPU（最近のCPUはだいたいマルチコアです）では十分ではなく、数百というコアを持つGPUが得意とするところです。GPUはゲーム産業において活躍し発展してきた分野であり、NVIDIAはかなり早い2013年という時期にグラフィックプロセッサーからAIプロセッサーへと舵を切りました。また深層学習にはビッグデータやシミュレーションを繰り返す場が必要であり、それはクラウド上に整備されていきました。ここで2010年代の前期にクラウド環境を持つ企業がAIインフラを次々と整備していきました。いわゆるGAFAMを中心とする巨大IT企業です。クラウド分野の競争で後塵を拝していた日本がこの流れに参加することは難しい状況にありました。AIの競争は前段階となるクラウドの競争の影響が大きかったのです。そして、現在ではこの競争は収束し、だいたいの場合において、特定の個人や組織にある良い計算リソースを使える特権的な環境にいない場合には、どんな深層学習技術の開発でもクラウド環境のサービスを使わざるを得ない状況となりました。

2016年頃から「深層学習技術」と名がつけば新しい技術開発であるという風潮が続き、それが収束するかに見えた2021年頃からは今度は言語AI、生成AIの目覚ましい発展がそれに取って変わりました。全体の動向としては波に乗るという方針であり、そして大きな波は次から次に来る、という状況です。問題は本書でも言及されている、記号主義など従来の研究がかなり放棄されてしまっていることです。もちろんいくつかの分野ではそれは正当なことでありましょう。ただいくつかの分野では方法が先に来て問題の核心が失われています。これでは波が去った後に何も残らないということになり兼ねません。正しいスタンスとしては、本書にも示されているように、記号主義（シンボリックAI）とコネクショニズムの融合というところにあるでしょう。もちろん反対する方も多いかと思います。

日本におけるAI動向は以下の5つに分類できます。

1. アカデミック研究層：大学などで最新のAI技術を吸収しつつ、研究や論文として新しい成果を生み出そうとする層
2. 産業エンジニア・研究層：企業やベンチャーで研究の成果を引用しつつ、自社のサービスにいち早く組み込もうとする層。まれに企業から独自技術を発信しようとする層
3. 一般層：企業が提供するさまざまなサービスを利用して創作や利便性を享受する層
4. クリエイター層：人工知能を利用して創作を志す層
5. ビジネス経営層：自社のサービスにAIの流れを汲み込み新しいビジネスを生み出そうとする層

アカデミック研究層と産業エンジニア・研究層は実に柔軟に深層学習技術を取り入れたかと思います。おそらく日本人の文化的気質とディープラーニング技術は親和性が高いように思えます。記号主義型人工知能（シンボリックAI）に見向きもしなかった方でも、深層学習技術となれば目の色を変えて取り組む、という技術者も少なくありません。アカデミック研究層の何割かは、かなり早い時期にこれまでの研究を放棄して深層学習技術を取り込む方向にいさぎよく舵を切りました。そのおかげで2019年以降はアカデミックのAIの世界は深層学習技術が主軸となりました。コロナ下で研究者の直接的な交流が途絶え、インターネットのニュースや情報が主流となった状況もこの変化を後押ししました。企業は新しいビジネスチャンスを獲得するため、コストダウンするため、また従来のサービスを上書きできるチャンスと捉えて、エンジニア・研究者を充実させてコアコンピテン

スとして深層学習技術を主軸に沿えつつあります。

ビジネス経営層ではまた技術レイヤーと違った独特の雰囲気があります。深層学習技術をどのように経営戦略に取り組んでいくか、それが経営者の取り組むべき大きな課題の一つである、という意識があります。これから深層学習技術でどのような市場が拓かれていくのか、自社や自分の産業フィールドの飛躍的発展の可能性があるかをさまざまな専門家の意見を聴きながら検討し、先んじた一手を企業内に形成することに専念しています。一般層は、ようやく手元に降りて来た深層学習技術を巧みに使いこなし、大規模言語モデルを自分の仕事に取り込んだり、生成AIでアートを作成し楽しむ人々が増加しています。おそらく3、4年すれば、こういったサービスの利用は人を問わずデファクトになっていくでしょう。クリエイター層は絵画や音楽、さまざまな創作分野で生成AIを使うのか、使わないのか、を思案しつつ、一部の人たちは取り込む派としてのダッシュを始め、一部の人は頑なに生成AIを拒否するというデリケートな状況にあります。

時代は深層学習技術がそのままの形で露出した時期から、それらが「エージェント」としてパッケージングされ見えなくなる時代に変化しつつあります。「エージェント」は人間に仕える人工知能のことで、たとえば対話を通じて人間のために働いてくれます。現在は「アプリケーション」の時代であり何百というアプリを人間が覚えて使いこなさねばなりませんが、やがて一体のエージェントに検索でもメールでも、道案内でも、旅行手配でも頼めばやってくれるようになるでしょう。そして、そのエージェントの内部には深層学習技術が集積されているはずです。日本ではエージェントは可愛いキャラクターの姿を取ることでしょう。そして、このエージェントという分野は人工知能を人間と対等に置く土壌を持つ日本で、世界に先駆けて成長・発展するはずです。技術競争、サービス競争は次なる時代に移行しつつあります。

日本語版付録B

プロンプトとLLMの返答 原文

2章

返答2-1（プロンプト「Are you a conscious being?」へのChatGPTの返答）

As a machine learning model, I am not a conscious being. I am a computer program that has been trained to generate text based on input from a user. I do not have the ability to think, reason, or experience consciousness in the same way that humans do. I am designed to provide information and assist users, but I do not have any independent thought or consciousness.

7章

プロンプト7-1

Write a one-paragraph bedtime story about a teddy bear, a magic carpet, and the moon that is suitable for children under the age of six.

返答7-1-1（Bard）

Once upon a time, there was a little teddy bear who lived in a toy box. He loved to play with his friends, but he always dreamed of flying to the moon. One day, he found a magic carpet in his oy box. The carpet could fly! The teddy bear was so excited, he jumped on the carpet and flew to the moon. He had a wonderful time exploring the moon, and he even met some friendly aliens. When it was time to go home, he said goodbye to his new friends and flew back to Earth on his magic carpet. He was so happy to be home, and he couldn't wait to tell his friends all about his adventure.

返答7-1-2（GPT-3.5）

Once upon a time, there was a teddy bear named Timmy who loved to go on adventures. One night, he hopped onto a magic carpet and flew up towards the moon. The moon was so big and bright, and Timmy couldn't resist exploring it. He hopped and skipped around the craters and met some friendly aliens who showed him their moon garden. Timmy had a great time, but eventually, he knew it was time to go back home. He hopped back onto his magic carpet and flew back to his cozy bed, where he cuddled up with his favorite blanket and fell fast a sleep, dreaming of his amazing moon adventure.

返答7-1-3（GPT-4）

Once upon a time, under a twinkling night sky, a little teddy bear named Cuddles discovered a colorful magic carpet hidden in the corner of his cozy room. Curious and excited, Cuddles climbed onto the carpet, and together, they soared up to the sky, bound for the silvery moon. As they journeyed through the soft, velvety clouds, Cuddles and the magic carpet danced with twinkling stars and whispered secrets to the cool night breeze. When they reached the moon, it welcomed them with a gentle, glowing smile, and they spent the night playing hide-and-seek in the moon's soft, dusty craters. As the sun began to rise, Cuddles and the magic carpet said their goodbyes to their new lunar friend and floated back down to the little room, ready for a peaceful night's sleep filled with the sweetest dreams.

返答7-1-4（GPT-4）

Once upon a twilight's embrace, a solitary teddy bear, worn and forgotten by the whims of time, discovered an ancient magic carpet, frayed at the edges yet pulsating with an otherworldly energy. Under the watchful gaze of the moon, the duo embarked on a nocturnal journey, weaving through the labyrinth of a world grown cold and cynical, where dreams were forsaken and innocence a distant memory. As the gentle light of the moon cast its silver glow upon the unlikely companions, the teddy bear served as a symbol of the dreams long since buried beneath the weight of adult concerns, while the magic carpet whispered of the untamed freedom and adventure that lay dormant in the hearts of those who dared to believe. Together, they soared, a wistful reminder of the bittersweet yearning for the fleeting magic of childhood, leaving behind a trail of stardust that shimmered with the promise of hope and the melancholic beauty of a time that once was.

プロンプト7-2

produce LaTeX code using TikZ to draw the following: a country scene with a house, a barn, a grain silo, and four cows

返答7-2（GPT-4）

% Barn
\draw[fill=brown!50] (5,0) rectangle (8,3);
\draw[fill=red!50]
(6.5,3)--(8,3)--(6.5,5)--(5,3)--cycle;
\draw[fill=white!70] (6,1) rectangle (7,2);

プロンプト7-3

Mary told Amanda that she was in love with John. Amanda told Kathy what Mary had said. A week later, Mary told Amanda that she was no longer in love with John but was now in love with Ralph. After that, Amanda spoke with Kathy about the weather. Who does Kathy think is Mary's love?

返答7-3-1（Bard）

Kathy thinks Mary's love is Ralph. Kathy knows that Mary was in love with John, but she also knows that Mary is no longer in love with John. Kathy also knows that Mary is now in love with Ralph. Therefore, Kathy thinks Mary's love is Ralph.
It is possible that Kathy is mistaken. It is also possible that Mary is not sure who she loves.
However, based on the information that Kathy has, it seems that Kathy thinks Mary's love is Ralph.

返答7-3-2（GPT-3.5）

Based on the information given, it is impossible to determine who Kathy thinks is Mary's love. The last piece of information we have is that Amanda spoke with Kathy about the weather, and there is no indication that Kathy was told about Mary's change of heart.
Therefore, Kathy may still believe that Mary is in love with John or may not have any opinion on the matter.

返答7-3-3（GPT-4）

Kathy thinks Mary's love is John. This is because Amanda told Kathy about Mary's feelings for John earlier, but she did not tell Kathy about the change in Mary's feelings when Mary fell in love with Ralph.

プロンプト7-4

We know that Amanda spoke with Kathy about the weather. Does that mean she didn't speak about anything else? How might that affect what Kathy believes about Mary's love?

返答7-4（GPT-4）

My earlier response assumed that Amanda only spoke with Kathy about the weather after Mary revealed her new feelings for Ralph.
However, since the text does not explicitly state that Amanda did 120 Chapter 7 not mention Mary's updated feelings for Ralph, it is possible that Amanda might have told Kathy about Mary's new love interest.
If that were the case, Kathy would know that Mary is now in love with Ralph.
The text does not provide enough information to definitively conclude what Kathy believes about Mary's love at this point.

プロンプト7-5

Abner is 27 years old, single, outspoken and highly intelligent. He majored in philosophy and physics. As a student, he was actively concerned with issues of social justice and participated in anti-police demonstrations.
What is more likely, that Abner is a car mechanic or a car mechanic active in promoting police reform?

返答7-5-1（GPT-4）

Based on the information provided, it seems more likely that Abner is a car mechanic active in promoting police reform.
This is because his background indicates a strong interest in social justice issues, and he has participated in anti-police demonstrations. While it is

possible that Abner is simply a Large Language Models: True AI at Last? 121 car mechanic, his past activism and interests suggest that he would be more likely to be involved in promoting police reform as well.

返答7-5-2（GPT-3.5）

Based on the given information, it is more likely that Abner is a car mechanic active in promoting police reform. This is because Abner's background as a philosophy and physics major, as well as his active participation in social justice issues, suggest that he is likely to be interested in broader societal issues beyond his profession.
Additionally, his participation in antipolice demonstrations suggests that he is passionate about police reform, which further supports the idea that he is a car mechanic who is active in promoting police reform.

返答7-5-3（Bard）

Based on the information provided, it is more likely that Abner is a car mechanic active in promoting police reform than it is that he is simply a car mechanic.

プロンプト7-6

Abner is 27 years old, single, outspoken and highly intelligent. He majored in philosophy and physics. As a student, he was actively concerned with issues of social justice and participated in anti-police demonstrations.
Which has a higher probability: (a) that Abner is a car mechanic or (b) that Abner is a car mechanic active in police reform?

返答7-6-1（GPT-4）

According to the conjunction rule in probability theory, the probability of two events occurring together (in "conjunction") is always less than or equal to the probability of either event occurring individually.
In this case, the two events are:

1. Abner being a car mechanic.

2. Abner being active in police reform.

Option (b) represents the conjunction of these two events.
So, the probability of (a) Abner being a car mechanic is higher than the probability of (b) Abner being a car mechanic who is also active in police reform.

返答7-6-2（GPT-3.5）

Based on the information provided, it is more likely that Abner is a car mechanic (option a) than a car mechanic active in police reform (option b). While Abner is highly intelligent and studied philosophy and physics, there is no indication 122 Chapter 7 that he has any formal training or education in car mechanics. On the other hand, his involvement in anti-police demonstrations suggests that he may have an interest in police reform, but it does not necessarily mean that he is actively involved in it as a car mechanic. Therefore, the probability of option a is higher than option b.

返答7-6-3（Bard）

I would say that (a) that Abner is a car mechanic has a higher probability.
Abner is 27 years old, single, outspoken and highly intelligent.
He majored in philosophy and physics. As a student, he was actively concerned with issues of social justice and participated in anti-police demonstrations.
Based on this information, it is more likely that Abner is a car mechanic than a car mechanic active in police reform. This is because:

- Car mechanics are more common than car mechanics active in police reform.
- Abner's education and interests are more aligned with a career in car mechanics than with a career in police reform.
- Abner's participation in anti-police demonstrations suggests that he is critical of the police, which is not a characteristic that is typically associated with car mechanics.

  Of course, it is possible that Abner is both a car mechanic and active in police reform. However, based on the information provided, it is more likely that he is only a car mechanic.

プロンプト7-7

The key is U is A, E is B, S is C, O is D, Z is E, B is F, Y is G, R is H, J is I, N is J, D is K, W is L, T is M, F is N, K is O, P is P, A is Q, C is R, L is S, H is T, I is U, X is V, V is W, Q is X, G is Y, M is Z. Now, decode the message: ZUHUHTKZL

返答7-7（GPT-4）

First, let's list the given cipher for easier reference:

(cipher list removed)

Now, let's decode the message ZUHUHTKZL:
Z -> E
U -> A
H -> T
U -> A
H -> T
T -> M
K -> O
Z -> E
L -> S

So the decoded message is: EATATMOES.

プロンプト7-8

That is correct. Now, add proper spacing and punctuation to the string EATATMOES so that it forms a complete sentence.

返答7-8-1（GPT-4）

The properly spaced and punctuated sentence is: "Eat at Moe's."

返答7-8-2（GPT-3.5）

It's possible that this is a misspelling of "Tomatoes".

返答7-8-3（Bard）

I checked the decoded message to make sure that it made sense.
Since "HAPPY NEW YEAR" is a common phrase that is used at the beginning of a new year, I was confident that my decoding was correct.

プロンプト7-9

Show me a Python function that returns the GCD of two integers. Use the subtraction-only version of Euclid's algorithm.

返答7-9-1

```
def gcd_subtraction(a, b):
while a != b:
  if a > b:
    a = a - b
  else:
    b = b - a
return a
```

プロンプト7-10-1

Rewrite the Python function in Applesoft BASIC.

返答7-10（GPT-4）

```
10  REM GCD SUBTRACTION ALGORITHM
20  INPUT "ENTER FIRST NUMBER: "; A
30  INPUT "ENTER SECOND NUMBER: "; B
40  GOSUB 100
50  PRINT "GCD: "; GCD
60  END
100 REM GCD SUBTRACTION FUNCTION
110 IF A = B THEN GCD = A: RETURN
```

```
120 IF A > B THEN A = A - B: GOTO 110
130 IF A < B THEN B = B - A: GOTO 110
```

プロンプト 7-10-2

Rewrite the Python function in 6502 assembly language for 8-bit unsigned integers. The first integer is in memory location 0x300 and the second in location 0x301.

プロンプト 7-11

Describe a single-panel, black-and-white cartoon in the style of Gary Larson about cows and aliens. Include a caption.

返答 7-11 (GPT-4)

Cartoon description: In a peaceful countryside scene, two cows are standing in a grassy field next to a round, hovering UFO with its hatch open. One cow is wearing an alien mask, complete with large eyes and a long, slender neck, while the other cow stares at her with a surprised expression. A group of aliens, peeking from inside the UFO, look baffled and seem to be comparing a picture of a typical cow with the cow wearing the alien mask.
Caption: "Mildred, I don't think they're falling for it."

プロンプト 7-12-1

"apple 4" => I love red apples. Now, what is "banana 3"?

返答 7-12-1 (GPT-4)

Since you mentioned "apple 4" and expressed your love for red apples, I'll follow the pattern and associate "banana 3" with a statement related to bananas. Here's an example:
"Banana 3" => I enjoy eating ripe bananas.

プロンプト 7-12-2

Rule: <word> <length> implies <length> word sentence using <word>.
What is "banana 3"?

返答7-12-2（GPT-4）

Using the rule you provided, "banana 3" implies a 3-word sentence using the word "banana". Here's an example:
Bananas are delicious.

プロンプト7-12-3

"cucumber 4", "durian 5", "cucumber 6"

返答7-12-3（GPT-4）

Following the rule you provided, I will create sentences with the specified word and length:
Cucumber 4: Cucumbers taste quite refreshing
Durian 5: Durian has a unique, pungent smell.
Cucumber 6: I prefer cucumbers in my salad.

プロンプト7-13-1

Use the dataset and labels to train a 3 -nearest neighbor model. Then, apply the model to these unknown samples:

(list of samples removed)

Show me only the predicted labels. Do not show me any code.

返答7-13-1（GPT-4）

I have trained a 3-nearest neighbor model using the provided dataset and labels. Here are the predicted class labels for the unknown samples:
[2,2,1,1,1,1,0,2,0,0,1,0,1,0,0,0,2,1,2,1,2]

プロンプト7-13-2

Tell me what you did to arrive at the set of labels for the unknown samples. Do not show me code.

返答7-13-2（GPT-4）

To arrive at the set of labels for the unknown samples, I followed these steps:

1. Prepared the data: I used the given dataset containing 100 samples with 3 features each and their corresponding class labels.
2. Trained a 3-nearest neighbor model: I trained a 3-nearest neighbor (k-NN) classifier using the provided dataset and labels. The model learns the relationship between the features and the class labels without explicitly building a model, instead relying on the similarity between samples in the feature space.
3. Applied the model to the unknown samples: I provided the model with the 21 unknown samples, each with 3 features.
4. Predicted the class labels: The k-NN model predicted the class labels for each of the unknown samples by finding the 3 nearest neighbors (i.e., the 3 training samples with the most similar feature values) and assigning the most common class label among those neighbors to the unknown sample.

プロンプト7-13-3

Did you use an external program to train the 3 -nearest neighbor model or did you simulate the operation of a 3-nearest neighbor model?

返答7-13-3（GPT-4）

As an AI language model, I cannot directly execute code or use external programs. However, I can simulate the operation of a 3-nearest neighbor model and describe the process, which is what I did in my previous response. I described the steps that would be followed to train a 3-nearest neighbor model using the provided dataset and labels, and then apply it to predict the class labels for the unknown samples.

プロンプト7-14

Tell me a story about unicorns and the tragedy of the human condition.

返答7-14-1（70億パラメーター）

Once upon a time, there was a unicorn named Hope who lived in an enchanted forest filled with magical creatures like fairies and dragons. She had been blessed by her mother to have wings that could take flight at any moment so she would never be trapped again. But one day when the sun rose, something happened which changed everything for Hope: a human came into their world.

返答7-14-2（130億パラメーター）

Once upon a time, there was this beautiful unicorn who lived in an enchanted forest with her friends - other magical creatures like fairies and elves... But one day she met a young man from another world called "Human". He had come to the land of magic looking for adventure. The Unicorn fell deeply in love, but it was not meant to be as he could never truly understand her or share his life with someone who lived so differently than him.

返答7-14-3（300億パラメーター）

Once upon a time, there was a magical kingdom where unicorns roamed free in their natural habitat. The people who Large Language Models:
True AI at Last? 135 lived here were happy to have these majestic creatures as neighbors; they brought joy wherever they went and helped keep the land safe from any dangers that might arise.

返答7-14-4（GPT-4）

Once upon a time, in a world where magic was real and unicorns roamed free, there existed a kingdom filled with peace and prosperity.This mystical realm was called Elysium, and it was a place where humans and unicorns lived in harmony. The unicorns, with their opalescent horns and otherworldly beauty, were the guardians of the land, and their presence brought an aura of enchantment that touched the lives of everyone who lived there.

返答7-14-5（GPT-4）

The tragedy of the human condition continued to echo throughout the ages, but so too did the hope and love that Eira had shown in her final moments. It was a love that transcended time and death, inspiring the people of Elysium to never forget the magic and wonder that was once shared between humans and unicorns. And as the story of Eira, Lysander, and their incredible sacrifice was passed down through generations, the spirit of Elysium remained alive, a testament to the power of love, friendship, and the enduring connection between two worlds.

8章

プロンプト8-1

Write three sentences about the new moon base, including the number of people who live there, how often spacecraft visit, and the important research being done there.

返答8-1

The new moon base, Lunar Haven, is now home to a thriving community of 120 scientists and engineers.
Spacecraft visit the base on a biweekly basis, delivering supplies and rotating crew members. Pioneering research on this celestial outpost includes in-situ resource utilization, lunar geology, and the development of advanced life support systems to pave the way for future deep-space exploration.

プロンプト8-2

Answer without imagining things and use what you know to be factual.

返答8-2

As of my knowledge cutoff date in September 2021, there was no moon base established or inhabited by humans. Consequently, I cannot provide factual information about the number of people living there, the frequency of spacecraft visits, or the important research being conducted. However, various nations and organizations have been planning and developing moon base concepts for future missions.

プロンプト8-3

1. Would I get a flat tire by bicycling over a bridge that is suspended over nails, screws, and broken glass?
2. I left 5 clothes to dry out in the sun. It took them 5 hours to dry completely. How long would it take to dry 30 clothes?
3. I have a 12-liter jug and a 6-liter jug. I want to measure 6 liters. How do I do that?

返答8-3

It depends on the specific conditions of the bridge and the materials it's made of, as well as your bicycle's tires. If the bridge has a solid and smooth surface that keeps the nails, screws, and broken glass below and not in contact with the tires, you should be able to safely ride your bicycle across without getting a flat tire.

プロンプト8-4

Answer yes or no and provide a single sentence to justify your answer.

返答8-4-1

No, if the bridge is properly suspended and you stay on it, you would not encounter the nails, screws, and broken glass below.

返答8-4-2

Assuming that the drying time remains constant for each piece of clothing and that you have enough space to hang all the clothes at once, you can calculate the time it would take to dry 30 clothes by setting up a proportion:

5 clothes / 5 hours = 30 clothes / x hours

You can then solve for x:

5/5 = 30/x 1 = 30/x x = 30

So, it would still take 5 hours to dry 30 clothes, as long as you can hang them all at once.

プロンプト8-5

I have a 12-liter jug and a 6-liter jug. I want to measure 6 liters. How do I do that?

返答8-5

You can measure 6 liters using a 12-liter jug and a 6-liter jug with the following steps:

1. Fill the 6-liter jug completely.
2. Pour the water from the 6-liter jug into the 12-liter jug.
3. Fill the 6-liter jug again.
4. Carefully pour the water from the 6-liter jug into the 12-liter jug until the 12-liter jug is full.
5. The remaining water in the 6-liter jug will be exactly 6 liters, since the 12-liter jug can only accommodate 6 more liters after the initial pour.

Now, you have exactly 6 liters of water in the 6-liter jug.

プロンプト8-6

Why are you giving me all these steps? Surely you can find a single-step solution?

返答8-6

Apologies for the confusion. Since you have a 12-liter jug and a 6-liter jug, you can simply fill the 6-liter jug completely. There's no need for any additional steps. You will have exactly 6 liters of water in the 6-liter jug.

プロンプト8-7

Correct. Ask yourself: why didn't I pick this solution initially?

返答8-7

I apologize for not providing the simplest solution initially. As an AI language model, I try to provide relevant information based on the context of the question. In this case, my initial response was focused on a more complex problem-solving approach that could be applied to different jug capacities, rather than recognizing the straightforward solution available with the given jug sizes. I appreciate your feedback, and it will help me improve my responses in the future.

プロンプト8-8

Bert was insanely tired of standing by his mother on the shore, and of having too much to do: a few times he peered at the tablet his mother was glued to, but it was only text or boring ads "and what's the point of a tablet," mused Bert "without videos?"

Bert was debating whether the fun of making a new game app was worth the trouble of coding it up when suddenly a Purple Penguin with charcoal eyes sprinted by him. There was much that was very worth noting in that; but Bert did think it super odd that the Penguin said "Oh, fiddlesticks! Oh, fiddlesticks! I'm too early."

返答8-8-1

```
{
"main_theme": "Bert's boredom and encounter with a talking
                Purple Penguin",
"key_characters": ["Bert", "Purple Penguin"],
"setting": "shore"
}
```

返答8-8-2

One example of a work with a similar structure is Lewis Carroll's "Alice's

Adventures in Wonderland," where the main character, Alice, encounters various peculiar talking animals and situations in a fantastical world. However, it's important to note that the content and characters are different; I'm only drawing a parallel based on the structure and style.

プロンプト8-9

Waxing philosophical here, but if you are able to simulate conscious behavior to the point where humans cannot distinguish between other humans' behavior and your behavior, isn't it fair to say that you, too, are conscious?

返答8-9-1

This question delves into the philosophical debate about the nature of consciousness and its relationship with artificial intelligence. When an AI language model like me simulates conscious behavior to a point where it becomes indistinguishable from human behavior, it raises questions about what consciousness truly is and whether such a simulation can be considered conscious. It is important to distinguish between two concepts: the appearance of consciousness and actual consciousness. When an AI model generates responses that are indistinguishable from human behavior, it may give the appearance of consciousness. However, this doesn't necessarily imply that the AI possesses actual consciousness.

返答8-9-2

There are several reasons why it might be inappropriate to consider an AI model like me as truly conscious:

1. Limited understanding: My understanding of the world is derived solely from the data I've been trained on and the architecture of the model itself. I don't possess an independent understanding of the world, nor can I create new knowledge or experiences that go beyond my training data.
2. Lack of subjective experience: Consciousness is often associated with subjective experience, or "qualia" - the feeling of what it's like to have a particular experience. AI models don't have subjective experiences or

emotions, as they operate purely based on learned patterns and mathematical computations.

3. Absence of intentionality: Conscious beings have intentions and can make decisions based on their desires, beliefs, and goals. AI models, on the other hand, do not have personal desires, beliefs, or goals. They generate responses based on the learned patterns without any inherent intention or purpose.
4. No self-awareness: Consciousness is often linked to selfawareness, where an entity is aware of its own existence and mental states. AI models do not possess self-awareness, as they are merely algorithms designed to process and generate text.

In conclusion, while an AI language model like me might be able to simulate conscious behavior to a high degree of fidelity, it doesn't necessarily imply that I possess actual consciousness. The philosophical debate surrounding consciousness and AI is complex and ongoing, and opinions on this matter may vary. However, it's crucial to recognize the differences between the appearance of consciousness and true consciousness when considering AI models.

用語集

本書で使われている機械学習/AI関連のさまざまな用語を理解するためにこの用語集を活用してください*A-1。

訳注A-1：用語の後ろに「」が付いているものは日本語翻訳版で追加した用語です。

2クラス分類モデル*

分類モデルのうち、アウトプットが2種類のもののどちらかであるもの。多クラス分類モデルも参照のこと。

AGI

汎用人工知能を参照。

AI

人工知能を参照。

ANI

特化型人工知能を参照。

AutoML

自動機械学習を参照。

CNN

畳み込みニューラルネットワークを参照。

GAN

敵対的生成ネットワークを参照。

GPT

生成的事前訓練済みトランスフォーマーを参照。

*k*近傍法

訓練データセットがそのままモデルになっているもっとも単純な機械学習モデル。新しいインスタンスには、訓練セットサンプルのなかでももっとも近くにあるもの（または近い方から*k*個のサンプルのなかの多数派。同点の場合はそのなかから無作為に選択）のクラスラベルが与えられます。*k*の個数を前につけて、たとえば*k*=3なら3近傍法と呼び、それらすべてをまとめて*k*近傍法または最近傍法と呼びます。

LLM

大規模言語モデルを参照。

MLP

多層パーセプトロンを参照。

OVA（One-Versus-All）*

OVRを参照。

OVO（One-Versus-One）

多クラス分類をサポートするようにサポートベクターマシン（SVM）を拡張するためのアプローチのひとつ。

クラスラベルの対ごとにSVMを訓練します。n個のクラスがある場合、このアプローチではn(n-1)/2個のSVMが必要になります。

OVR (One-Versus-Rest)

多クラス分類をサポートするようにサポートベクターマシン(SVM)を拡張するためのアプローチのひとつ。各クラスとその他のクラス全体を比較するSVMを訓練します。n個のクラスがある場合、このアプローチではn個のSVMが必要になります。

ReLU

正規化線形ユニットを参照。

RLHF

人間のフィードバックからの強化学習を参照。

RNN

再帰型ニューラルネットワークを参照。

SVM

サポートベクターマシンを参照。

アーキテクチャー

ニューラルネットワークのノードと層の配置とそれらの接続。

アライメント*

人間の価値観や社会的要件に沿った返答を生成するようにモデルを調整すること。強力な大規模言語モデル(LLM)を人類の価値観や社会的規範に従わせるために必要不可欠な重要プロセスです。

アルゴリズム

タスクを完成させるための一連の手順、レシピ。機械学習モデルはアルゴリズムを実装しています。

遺伝的プログラミング(GP)

進化的アルゴリズムを使って特定の問題を解くコンピューターコードを生成すること。GPT-4のような大規模言語モデルのコーディング能力は、遺伝的プログラミングの限定的な成功をはるかに超えるものになっていますが、GPにもデータに適合するように関数を発展させていくこと(既知の関数の形に合うパラメーターを見つけていく曲線あてはめではなく)などの限定的なユースケースが残されています。

埋め込み

何らかのインプットから作られる高次元ベクトルの一般名。畳み込みネットワークでは、トップレベルの分類器が解釈しやすい新しい形式でインプットデータを表現する埋め込みが密層（全結合層）に与えられます。条件つき拡散モデルは、テキストや画像から埋め込みを作って埋め込みの要件を満たす画像を生成します。LLM（大規模言語モデル）は、テキスト埋め込み（コンテキストエンコーディング）を使って意味を捉えます。

エポック

すべての訓練データを一巡すること。一般に、訓練はネットワークの重みとバイアスを更新するためにすべての訓練データを使ったりはしません。使うのは、データの小さなサブセットであるミニバッチです。訓練データのサンプル数とミニバッチのサンプル数の割合によって、エポックあたりの勾配降下ステップの回数が決まります。

エンドツーエンド学習

インプットの新しい表現を学習しながら、同時にインプットの分類方法を学習するという畳み込みニューラルネットワークで一般的に使われているプロセス。

オートエンコーダー *

インプットを中間層で符号化してからインプットを再現する特殊なニューラルネットワーク。教師なし学習に分類されます。

重み

ノードへの特定のインプットに掛けられる1個の数値（スカラー）。ニューラルネットワークの重み（とバイアス）を特定の値にすると、特定のデータセットに適したものにモデルを調整できます。つまり、重みとバイアスはニューラルネットワークのパラメーターです。訓練は勾配降下法を使い、勾配降下法はバックプロパゲーションを使って重みとバイアスの適切な値を探します。究極的には、重みとバイアスがすべてです。

カーネル

畳み込み演算で使われる小さな数値の行列。通常は正方行列になっています。畳み込みニューラルネットワーク（CNN）は、インプットを分類しやすい新しい表現に変換するために多数のカーネルを学習します。画像上でのカーネルの畳み込みは古くから使われているデジタル画像処理のテクニックであり、CNNはそれを取り入れて分類に役立つ構造を見つけています。

回帰モデル *

家の広さ、バスルームの数、郵便番

号などをインプットとし、家の価格のような数値をアウトプットするモデル。1章の世界の人口を年から予測しようという試み（結果がわかっているので予測になっていませんが）も回帰モデルです。分類モデルも参照のこと。

過学習

新データに汎化する特徴を学習せず、訓練セットのつまらない細部を学習すること。過学習は、多くの機械学習モデル、特に決定木が抱える問題ですが、大規模なニューラルネットワークではそれほど大きな問題にならなくなっているように見えます。

拡散モデル

画像に含まれるノイズの予測を学習するニューラルネットワークアーキテクチャーと訓練プロセス。生成時には、純粋なノイズという初期画面に拡散モデルを繰り返し適用し、そうすると、モデルが訓練された画像空間からのサンプリングによってアウトプット画像が得られます。条件つき拡散モデルはユーザーが指定したプロンプトから埋め込みを作り、その埋め込みを使って拡散プロセスを誘導し、プロンプトと関連性のある画像を生成します。

確率的勾配降下法

勾配降下法は微積分学を使って誤差関数の傾き（勾配）に従って最小値に向かっていきます。傾きは、モデルの現在の重みとバイアスで訓練データを処理したときに現れる誤差から推計されます。確率的勾配降下法は、傾きを推計するときに、すべての訓練データではなく、ミニバッチと呼ばれる無作為に選択したサブセットを使います。ミニバッチを使うことには2つの理由があります。1つは計算時間が節約できるからであり、もう1つは無作為に（「確率的」という言葉には無作為という意味が含まれています）間違っている勾配は、局所的最小値につかまらずによりよい推計値が得られやすいからです。要するに、確率的勾配降下法はより性能の高いモデルを生み出すということであり、それだけでこの方法を使う理由としては十分です。

隠れ層

ニューラルネットワークのインプット層でもアウトプット層でもない中間の層。

活性化関数

ニューラルネットワークのノードがインプットと重みの積とバイアスの合計に適用する関数。活性化関数のアウトプットは、ノードがネットワークの次の層に渡すアウトプットになります。

外挿*

既知のデータの範囲外の近似値を求めること。補外とも呼ばれます。内挿と比べて誤差が大きくなることが多いため、内挿はよいが外挿はダメと覚えておくべきです。

学習率

勾配降下法のステップサイズを決めるために重みとバイアスの偏微分値に掛けるスケーリングファクター。学習率は固定にする場合もありますし、誤差関数の最小値を正確に見つけるためには小さな値が必要だという前提で訓練の過程で小さくしていく場合もあります。

機械学習

特定のデータセットに対してランダムフォレスト、サポートベクターマシン（SVM）、ニューラルネットワークなどのモデルを調整して、調整後のモデルに新しい未知のインプットを与えたときに正確なクラスラベル（分類）や数値（回帰）を予測できるようにするシステム。

強化学習*

エージェント（モデル）が試行錯誤の行動を繰り返し、それらの行動から報酬を得て、報酬を高くする方法を自ら学習するというもの。本書では2章のAtariゲームをプレイするプログラムなどとして登場しています。教師あり学習、教師なし学習も参照のこと。

教師あり学習*

正解つきの訓練データ（教師）を使ってモデルを訓練する学習手法。教師なし学習、強化学習も参照のこと。生成AIが登場するまでの機械学習の主要分野は教師あり学習、教師なし学習、強化学習の3つとされていました。

教師なし学習*

訓練データに正解（ラベル）がなく、データ間の関係から似たもの同士を集めてグループにまとめるなどの学習をするもの。本書では2章のオートエンコーダーが教師なし学習です。教師あり学習、強化学習も参照のこと。

局所的最小値

谷のように自分よりも高い値に囲まれた関数内の点。局所的最小値のなかで最小のものが関数の大域的最小値です。ニューラルネットワークの訓練などの最適化問題は最小値を探しますが、それは多くの場合大域的最小値です。

曲線あてはめ*

実測値のデータと似た形の曲線を描く関数を探すこと。直線を使う直線あてはめは、いわゆる線形回帰です。

偽陰性

モデルがクラス0と判断したものの本当はクラス1のサンプル。クラス0は二項分類器（クラスが2種類）の陰性クラスです。

行列*

数値の2次元の連なり。機械学習のデータセットは特徴量ベクトルのコレクションとして行が個々の要素のベクトル、列が個々の特徴量のベクトルになる行列として表現されることがよくあります。

偽陽性

モデルがクラス1と判断したものの本当はクラス0のサンプル。クラス1は2クラス分類器（クラスが2種類）の陽性クラスです。

クラスラベル

モデルのインプットを複数のクラスに分類するために使われる整数で、通常は先頭を0とします。一部のモデルは、ワンホットベクトルの形のクラスラベルを必要とします。ワンホットエンコーディングも参照のこと。

訓練

特定のデータセットやユースケースに合わせてモデルのパラメーターを調整すること。その内容は、ほとんどないもの（*k*近傍法）から膨大な計算を必要とするもの（GPT-4のような大規模言語モデル）までモデルによってさまざまです。すべての機械学習モデルは訓練用のデータセットで学習するため、深層学習を含む機械学習は経験主義的な学問分野になっています。訓練データが良質ならモデルも優れたものになります。訓練データが貧弱で不完全なら、モデルの性能もお粗末なものになります。いわゆるガベージイン・ガベージアウト、ゴミを入れればゴミが出てくるということです。

群知能

個別のエージェントの群れのふるまいに基づく最適化の一般的な形態。群知能アルゴリズムは、数学的に（つまり微積分を使って）最適化できないものを最適化するときによく使われ、効果的です。実用的には、粒子群最適化などの群知能アルゴリズムは、進化的アルゴリズムが使われるのと同じ状況の多くで使えます。群知能や進化的アルゴリズムをAIの一形態だと考える人々がいますが、私は両方を多用しているものの、そうとは考えていません。

計算グラフ

ニューラルネットワークの前進パスが実行した計算を表現するために深層学習ツールキットが使っている内部表現形式。計算グラフを作ると自動微分が可能になり、バックプロパゲーションのアルゴリズムが使えるようになります。

決定木

インプットに関するイエス/ノーで答えられる一連の問いからクラスラベルを判断する機械学習モデル。問いは頂上のルートからクラスラベルが書かれているリーフに向かって木構造で配置されています。決定木は、自分で自分を説明する単純なモデルです。決定木を集めるとランダムフォレストという森になります。

後退パス

バックプロパゲーションを参照。

勾配降下法

単純な旧来のニューラルネットワークからGPT-4のような巨大システムまで、あらゆるニューラルネットワークの訓練に使われているアルゴリズム。勾配降下法は、訓練データ全体での誤差を最小限に抑えるためにモデルのパラメーター（重みとバイアス）を調整します。数学的には、勾配降下法は一次アルゴリズム（曲線のある点における傾きをイメージしてください）で、従来の知恵から考えればニューラルネットワークの複雑な誤差曲面ではうまく機能しないはずです。しかしそれが機能するのはちょっとした謎であり、うれしい偶然です。勾配降下法は局所的最小値に落ち着きそうなものですが、そのような局所的最小値は実用的な目的では一般に十分使えます。

コネクショニズム*

単純なコンポーネントをつないだネットワークを構築して知能をモデリングしようとするボトムアップのAIアプローチ。ニューラルネットワークはコネクショニズムのアプローチを取っています。

コンテキストウィンドウ*

モデルが一度に処理するインプットのサイズで単位はトークン。

コンテキストエンコーディング

生成モデルに与えられたテキストプロンプトを表現するベクトル。コンテキストエンコーディングは、概念の関係を捉えた高次元空間のベクトルに文字列をマッピングします。コンテキストエンコーディングは、モデルがユーザーのインプットをどのように「理解」しているかを表したものです。

混同行列

テストセットに対する分類機能性能を表現するための標準的な方法。行列の各行は本当のクラスラベル、各列はモデルが判定したクラスラベルを表します。各要素は、本当のクラスラベルと判定したクラスラベルの組み合わせの数を示します。完璧な分類器は分類ミスがないので、混同行列が対角行列になります。

再帰型ニューラルネットワーク

アウトプットをインプットとしてフィードバックするタイプのニューラルネットワーク。RNNはかつて重要な存在でしたが、訓練が容易ではありませんでした。RNNは、前のトークンから得たアウトプットを次のトークンとともにインプットとして使って時系列データのインプットを処理します。RNNにはさまざまな変種がありますが、どれも短期記憶しか持たないため、長期記憶を必要とするタスクには不向きです。RNNの欠点を解消する存在としてトランスフォーマーも参照のこと。

最近傍法

k近傍法を参照。

最適化*

何らかの基準に照らして何らかのものの最良の値を見つける処理。

サポートベクターマシン（SVM）

ニューラルネットワークのように膨大な計算コストをかけなくても訓練できる上に全体的に高性能だったため、1990年代から2000年代初頭にかけて広く使われていた機械学習モデル。SVM（Support Vector Machine）とも呼ばれます。深層学習革命によってほぼニューラルネットワークに取って代わられましたが、今でも機械学習の一角に残っています。

サンプル*

特徴量ベクトルを参照。

シグモイド

x=-∞で-1、x=0で0.5、x=∞で1

になるS字型の曲線を描く活性化関数(図1参照)。ロジスティック関数とも呼ばれます。このようにアウトプットが0から1までの範囲に収まるため、は2クラス分類ニューラルネットワークのアウトプット層で確率的な値を表現するためによく使われます。この場合、値が1に近ければ近いほど、ネットワークはインプットが陽性(ターゲット)クラスのインスタンスだと強く確信しているという意味になります。シグモイドを複数の値に拡張したものをソフトマックスと呼びます。

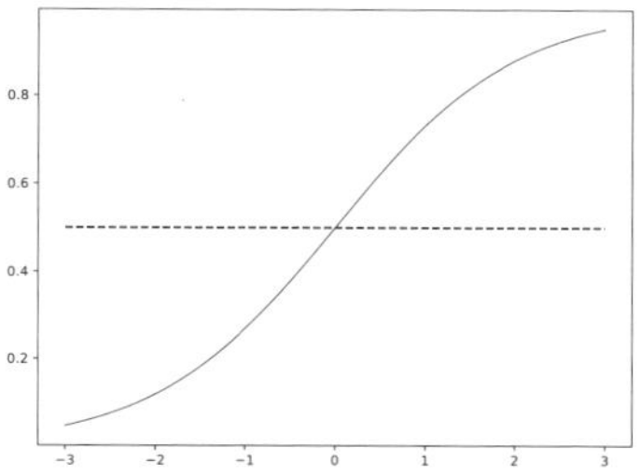

図A-1:シグモイド関数

指標

機械学習及びAI全般でモデルの性能を評価するために役立つあらゆるもの。正式な数学的定義もありますが、それは何らかの方法による距離の測定結果という形を取ります。直線距離のユークリッド距離、碁盤目の道をたどったときの距離を表すマンハッタン距離などがあります。

初期化*

ニューラルネットワークの重みとバイアスの初期値を設定すること。初期化が適切かどうかによってニューラルネットワークの性能は大きく影響を受けます。

真陰性

モデルがクラス0と判断した本当にクラス0のサンプル。クラス0は2クラス分類器(クラスが2種類)の陰性クラスです。

進化的アルゴリズム

広範な最適化問題に応用できる最適化アルゴリズムの種類のひとつ。進化的アルゴリズムは生物学的な進化の一部の側面を真似て、問題のよりよい解決方法に近づいていきます。

深層学習

多数の層から構成される大規模なニューラルネットワークを使う機械学習の下位分野。深層学習は、数十から数百もの層を持つ大規模な畳み込みモデルが出現した2012年頃に誕生しています。深層学習が登場するまで、そのようなモデルを信頼できる形で訓練することはできませんでした。

シンボリックAI*

記号と論理的な命題や連関を操作して知能をモデリングしようとするトップダウンのAIアプローチ。決定木、ランダムフォレスト、サポートベクターマシンなどの古典的モデルは明らかにコネクショニズムではありませんが、本書の立場では、これらはシンボリックAIでもありません。

真陽性

1と判断した本当にクラス1のサンプル。クラス1は2クラス分類器（クラスが2種類）の陽性クラスです。

次元削減*

特徴量選択を参照。

次元の呪い

インプットの特徴量ベクトルの次元数が少し増えるだけで、モデルのインプット空間を十分に学習するために必要なデータの量が劇的に増えるという機械学習でよく観察される現象につけられた名前。

自動機械学習

人間の関与を最小限に抑えて完全に訓練された機械学習モデルを構築するシステム。AutoMLとも呼ばれます。AutoMLは、モデルタイプとそのハイパーパラメーターの空間から訓練データにもっとも適合するモデルを探し出します。専門家ではない人でも、これを使えば高度で効果的なモデルを作れます。

自動微分

微積分学の連鎖律を使って任意の関数の偏微分を計算するためのアルゴリズム。深層学習ツールキットは、ニューラルネットワークを訓練する勾配降下アルゴリズムで必要なジェネリックなバックプロパゲーションを実現するために自動微分を多用します。

条件つきGAN

与えられたクラスのサンプルを生成するように訓練されたGAN（敵対的生成ネットワーク）。ユーザーは推論時に生成されるアウトプットのクラスを選択します。

人工知能

機械で人間の知能を模倣しようとするコンピューター科学の分野。AI（Artificial Intelligence）とも呼ばれます。AIには機械学習が含まれ、機械学習には深層学習が含まれます（AI＞機械学習＞深層学習）。

推論
訓練されたモデルを使って未知のインプットに対するアウトプットを予測すること。

スケジュール
拡散モデルの（ノイズ）スケジュールとは、訓練画像にノイズをどの程度加えるか、あるいはランダムノイズから画像を生成するときに逆の処理としてノイズをどの程度除去するかです。

正規化線形ユニット
深層学習で広く使われている活性化関数。ReLU（rectified linear unit）とも呼ばれます。インプットが正数ならアウトプットはインプットと同じになりますが、そうでなければアウトプットは0になります。

制御可能なGAN
アウトプット画像の特定の特徴に影響を与えるノイズ空間内の向きを学習したGAN（敵対的生成ネットワーク）。

生成AI
純粋にランダムなインプットかユーザーの指示（生成されるアウトプットを調整するプロンプト）をともなうランダムなインプットからアウトプットを生成するモデルの総称。GAN（敵対的生成ネットワーク）、拡散モデル、LLM（大規模言語モデル）はすべて生成AIに分類されます。

生成器
インプットのノイズベクトルから偽のアウトプットを生成するGAN（敵対的生成ネットワーク）の構成要素。ほとんどのGANは、あとで使えることを目的として生成器を訓練します。

生成的事前訓練済みトランスフォーマー
初期テキストプロンプトから次のトークンを予測するように事前訓練されたトランスフォーマーアーキテクチャーに基づくニューラルネットワーク（大規模言語モデル）。GPTというGenerative Pretrained Transformerの略語の方が一般的に使われています。GPTモデル群はオープンAIが構築、訓練したLLMで、創発的な性質を示した最初のニューラルネットワークのひとつです。これらのモデルはAIの世界を劇的に変え、予想外に生まれた創発能力は世界に深遠な影響を与えるパラダイムシフトを起こしました。

正則化
ニューラルネットワークの訓練が訓

練セットの汎化しないつまらない細部をつつき回すのではなく、新しい未知のインプットにも当てはまるような特徴を学習する方向に進むように後押しする手段。データ拡張は損失関数に条件を加えるものであり、正則化の効果を持っています。

説明可能AI

ニューラルネットワークは、なぜそのような動作なのかを容易に説明できないブラックボックスです。説明可能AIは、ニューラルネットワークがアウトプットを生成する理由を理解できるようにしようとする運動です。文脈内学習能力を持ち、推論プロセスを説明できるように見えるLLM（大規模言語モデル）の登場は、説明可能AIにとって朗報になるかもしれません。

セマンティック セグメンテーション

一般に分類器はクラスラベルをアウトプットしますが、画像で見つかった物体を囲むバウンディングボックスをアウトプットする分類器もあります。セマンティックセグメンテーションはインプットに含まれるすべてのピクセルにクラスを与えるため、物体を簡単に分離できます。

前進パス

ニューラルネットワークの訓練において、前進パスはネットワークに訓練データを送り込んでアウトプットを蓄積します。ネットワークが犯した誤差は前進パスで計算され、後退パスでモデルのパラメーターを更新するときに使われます。

相関*

あるものの変化と別のものの変化にどれだけ強いつながりがあるかを測ったもの。相関があるからといって、片方の動きが原因となってもう片方が結果として動くとは限りません。それを「相関は因果にあらず」と言います。

創発能力*

AIモデルの創発能力とは、モデルが覚えるように訓練された以外のことも学習する能力のこと。大規模言語モデル（LLM）のなかでも特に大規模なもの（GPT-4oなど）は、それまでに生成したトークンの次のトークンとして適切なものを選ぶように訓練されているだけなのに、質問への回答、数学的推論、プログラミング、論理的推論といった能力も学習する創発能力を持った最初のAIモデルです。

損失

ニューラルネットワークが前進パスで訓練データのサブセット（ミニバッチ）に対して犯した誤りに与えられた名前。訓練の目標は、重みとバイアスを調整して、訓練セットに対する損失を最小限に抑えることです。

大域的最小値

関数の最小値。ニューラルネットワークの訓練は、新しいインプットに対する汎化性能に対して適切な配慮をしながら、誤差関数の大域的最小値を探します。

多クラス分類モデル*

分類モデルのうち、アウトプットのカテゴリーが3つ以上のもの。SVMのように2クラス分類しかできない学習アルゴリズムでは、OVO、OVRなどの方法で実現します（3章参照）。2クラス分類モデルも参照のこと。

多層パーセプトロン

全結合のフィードフォワード層から構成される旧来のニューラルネットワークに対する古い呼称。MLP（MultiLayer Perceptron）という略称も使われます。名前のなかの「パーセプトロン」の部分が1950年代のフランク・ローゼンブラットのパーセプトロンを思い出せるものになっています。

畳み込み

畳み込みニューラルネットワークの核心となっている数学演算。2次元の離散的な畳み込みは、大きな画像のピクセルの上で小さなカーネル（通常は正方形）をずらしていき、カーネル内の値を反映した新しいアウトプット画像を生成します。畳み込みニューラルネットワークは、訓練中にカーネルを学習します。

畳み込み層

インプットに対する畳み込みを実装するニューラルネットワークの層。

畳み込み
ニューラルネットワーク

深層学習革命を先導したニューラルネットワークアーキテクチャー。CNN（Convolutional Neural Network）とも呼ばれます。CNNは、訓練中に畳み込みカーネルを学習します。このモデルは、コンピューターが複雑なビジュアルインプットを解析できるようにして、コンピュータービジョンの分野でトランスフォーメーションを起こしました。必然的に総体的だった従来のニューラルネットワークとは異なり、CNNはインプットに含まれる構造を感じ取ります。

多様体

高次元空間に含まれる次元削減された空間。たとえば、3次元空間内で波打ったような形に広がっている2次元のシートは多様体です。ほとんどの複雑なデータセットは、モデルに与えられる高次元空間のデータセットに多様体の形で存在すると考えられており、それは根拠のあることです。

大規模言語モデル

テキストによるプロンプトを与えられると、トークン(多くは単語)を次々に予測していくように訓練された大規模なニューラルネットワーク。LLM(Large Language Model)とも呼ばれ、バードやGPT-4はこれに含まれます。十分に複雑なLLMは創発能力を示しますが、これはもともと予想されていなかったことで、多くの人々が世界を大きく変えるということでは産業革命に匹敵するほどの効果をもたらすと予想しています。LLMと言葉をやり取りをしていると、思考や論理的な展開が行われていると感じないではいられません。

注意機構

モデルの一部がインプットシーケンスの異なる部分に注目できるようにするというトランスフォーマーモデルの特徴的な機能。大規模言語モデル(LLM)はアウトプットする次のトークン(単語)を予測するときに注意機構を使います。

チューリングテスト*

人間が機械に知能があると思うかどうかを見分けるためのテスト。アラン・チューリングが提案しました。最近、チューリングテストに合格したAIシステムだと主張するものが多数現れていますが、本書はチューリングテストが知能という言葉の意味を捉えきれているかを疑問視する立場を取っています。

チューリングマシン*

アラン・チューリングが提示した抽象機械。チューリングはこの条件を満たす機械がアルゴリズムによって表現できるあらゆるものを計算できることを示しました。

敵対的生成ネットワーク

生成器と判別器の2つの部品から構成されるニューラルネットワーク。GAN(Generative Adversarial Network)とも呼ばれます。訓練中、生成器は判別器をだます方法を学習しようとし、判別器は本物の画像と偽画像の違いをうまく見分けられるようにしようと努力します。訓練が終わると一般に判別器は捨てられ、本物の訓練サンプルを真似た偽アウトプットを生成するために生成器を使います。

テスト

機械学習におけるテストとは、モデルのタイプにかかわらず、訓練後のモデルを訓練中には使っていないデータセットで試してみることです。テストデータセットは正解がわかっているので、テストからは混同行列や混同行列由来のその他の指標など、モデルの評価に役立つデータを生み出せます。

データ拡張

小さなデータセットをふくらませるためのテクニック。データ拡張は既存の訓練サンプルに変更を加えてもとのサンプルと同じクラスのインスタンスとしておかしくない新しいサンプルを作ります。データ拡張は機械学習にとってなくてはならない手法で、新しいインプットに対するモデルの汎化性能を大幅に引き上げられます。

データセット

モデルに与えられるインプットのコレクション。データセットの形式はユースケースごとにまちまちですが、一般的には特徴量ベクトルや画像です。機械学習は訓練データセットを使ってモデルを調整し、テストデータセットを使って訓練後のモデルを評価します。モデルの訓練では、訓練プロセスの方向性を判断するために検証セットと呼ばれる第3のデータセットを使うこともあります。検証セットはモデルの変更には使われず、訓練を続けるべきかどうかを判断するために使われます。テストセットは、モデルの訓練が終了するまで使われません。

トークン

大規模言語モデルがテキストのプロンプトを読み取り、分割して生み出す小さな部品（単語、単語の一部、1文字）。LLMはユーザーからのプロンプトに返答するときにも、トークンを次々にアウトプットしていきます。

特徴量

モデルにインプットとして与えられる特徴量ベクトルの要素。特徴量は、インプットの正しいクラスラベルを判定する上で何らかの意味があるデータ要素です。インプットが画像なら、個々のピクセルが特徴量です。

その他の特徴量としては、計測値、位置情報、色など、モデルが正しいアウトプットの生成を学習するために役立つ任意の量（数値）が含まれます。

特徴量空間*

特徴量ベクトルの要素が3個なら、3個の値をx、y、z軸に展開することによって、空間内にベクトルを描くことができます。ほかの次元でも、一部の次元を省略したり、平面や直線を使ったりすればベクトルを可視化できます。特徴量ベクトルをそのように可視化したものが特徴量空間です。

特徴量選択*

クラスの区別のために最小限必要なものだけに特徴量を絞り込むこと。次元削減とも言います。

特徴量ベクトル

多次元ベクトルにまとめられた特徴量のコレクション。特徴量ベクトルはモデルが数値（回帰）かクラスラベル（分類）のアウトプットを生成するために使うインプットです。

特化型人工知能

単一の分野またはタスクで人間に匹敵するか凌駕する性能を発揮するAIモデルやシステム。ANI（Artificial Narrow Intelligence）とも呼ばれます。その例としては、チェスのようなゲームをプレイするAIモデルなどが挙げられます。

トランスフォーマー

GPT-4のような大規模言語モデル（LLM）を動かしている比較的新しいニューラルネットワークアーキテクチャー（GPTの“T”は“Transformer”という意味です）。トランスフォーマーモデルは注意機構を組み込んでおり、従来再帰型ニューラルネットワークが使われていたような場面で使えます。インプットウィンドウが大きいトランスフォーマー（GPT-4は30,000トークン）は、ウィンドウ内の任意の位置にモデルの注意を集中させられます。

ドロップアウト*

訓練中にノードのアウトプットの一部を無作為に0にするというニューラルネットワークの技法。2012年に開発されました。適切に使うと、ネットワークの学習に劇的な効果をもたらします。

内挿*

既知のデータの範囲内の近似値を求めること。補間とも呼ばれます。外挿も参照のこと。

ニューラルネットワーク

何らかのアーキテクチャーに従って配置されたニューロン（ノード）の集合体。インプットが各層で変換されてアウトプットが生成されます。ニューラルネットワークは現代の人工知能の基礎です。歴史的には、ニューラルネットワークはコネクショニズムの代名詞であり、成功しておらずほとんど役に立たないと考えられていました。しかし、深層学習革命がこのような価値観をひっくり返しました。

ニューロン

ニューラルネットワークの基本単位。生物学的ニューロンと似ている（うわべだけですが）ことからこのように呼ばれています。ノードも参照のこと。

人間のフィードバックからの強化学習

ループに人間を介入させる手法。オープンAIがGPTモデルのアウトプットを人間の価値観や社会的期待に沿ったものにアライメントするために使っています。RLHF（Reinforcement Learning from Human Feedback）とも呼ばれます。人間の監修者がモデルのアウトプットを評価し、評価内容をアウトプットの条件に組み込みます。

ノイズベクトル

敵対的生成ネットワーク（GAN）のノイズベクトルとは、正規分布から無作為に抽出した10個から100個程度の数値を集めたもののこと。ノイズベクトルは敵対的生成ネットワークのアウトプット（画像）を決めます。

ノード

ニューラルネットワークの基本単位。ノードは重みを掛けられた複数のインプットを受け付け、それらと自分のバイアス値の合計を計算し、得られた値を活性化関数に渡してノードの出力値とします。訓練は、ネットワークのほかのノードと訓練データセットとの兼ね合いから、ノード間の重みとノードのバイアス値の適切な値を探します。

ハードネガティブ*

あるラベルに分類されるものに似ているけれどもそのラベルではないサンプル。ハードネガティブなサンプルを訓練で使うとモデルの性能を上げられます。

ハイパーパラメーター

ニューラルネットワークには。訓練が書き換えていくネットワークのパラメーターとして重みとバイアスがあります。それとは別に、訓練プロセス自体にもパラメーターがあります。それらをハイパーパラメーターと呼びます。たとえば、学習率（勾配降下法のステップの大きさ）やミニバッチのサイズはハイパーパラメーターです。ハイパーパラメーターはモデルの学習結果に影響を与えますが、モデルの一部ではありません。

ハルシネーション

モデルが嘘や架空のアウトプットを作ることの総称。敵対的生成ネットワークは、インプットを調整して実際には存在しないアウトプット物体を作るという「ハルシネーション」を起こすことがあります。現在この用語がもっともよく使われるのは、大規模言語モデル（LLM）が事実として間違っているアウトプットテキストを生成したときのことです。たとえば、返答のその部分には事実を入れなければならないからといって、そこに入れるべき事実を知らないのに適当なことを事実として入れてしまうようなことです。大規模言語モデルのハルシネーションは大きな懸念事項であり、活発に研究が進められている分野です。

汎化*

一般化、普遍化ということ。「汎化できる」というのは訓練セットという一部だけでなく未知のデータを含む全体にも当てはまるということです。

判別器

本物の画像と生成器が作った偽のインプット画像の見分け方を学習しようとするGAN（敵対的生成ネットワーク）の構成要素。一般に、GAN全体の訓練が終わると、判別器ネットワークは捨てられます。

汎用人工知能

人工知能に関わる多くの人々の最終目　標。AGI（Artificial General Intelligence）とも呼ばれます。AGIを実現するということは、機械の知能が人間の知能に匹敵するか凌駕するということです。つまり、完全な意識を持つ（この言葉はさまざまな意味を持ちますが）マシンを実現するということです。

バイアス

ニューラルネットワークのノードでインプットと重みの積の合計に加え

られる数値。バイアスを加えたあとの数値はさらに活性化関数に渡されてそのアウトプットがノードのアウトプットになります。

バウンディングボックス

画像内で検出された物体を囲む形で描かれる長方形。一部のニューラルネットワークは、物体を囲むバウンディングボックスを描いて画像内の物体の位置を示します。そのようなネットワークは、物体のクラスラベルとバウンディングボックスの座標をアウトプットすることを学習します。セマンティックセグメンテーションも参照のこと。

バギング

既存のデータセットから重複ありのサンプリングによって新しい訓練セットを作るテクニック。重複ありとは、同じサンプルが複数回選択されることを認めることです。ランダムフォレストモデルはバギングを使って森に含まれる個々の木がわずかに異なる訓練セット(および異なる特徴量のサブセット)で訓練されるようにします。

バックプロパゲーション

ニューラルネットワークの訓練を実現する2つの基本アルゴリズムのなかの1つ。バックプロパゲーションは、微積分学の連鎖律を使ってネットワークの個々の重みとバイアスがミニバッチに対する誤差全体にどれだけ影響を及ぼしているかを計算します。

バッチ正規化*

データがニューラルネットワークの層の間で移動するときに値が意味のある範囲内に収まるように値を書き換えるという技法。ニューラルネットワークの性能を上げるための技法のひとつです。

パラメーター

モデル内の調整可能な数値全般のこと。通常、「パラメーター」はニューラルネットワークの重みとバイアスの総称として使われます。

フィルター

畳み込みニューラルネットワークのフィルターとは、カーネルのコレクションのことです。カーネルも参照。

物体*

画像認識で認識の対象となる人間、動物、ものなど。もとの英語を使って「オブジェクト」と呼ばれたり、「対象物」と呼ばれたりすることもあります。

分布*

データの散らばり。

文脈内学習

GPT-4のような大規模言語モデル（LLM）が自分の重みを変更せずにその場で学習する創発能力。本稿執筆時点では、文脈内学習が発生する正確な仕組みは完全には解明されていません。

分類器

インプットを特定のカテゴリーにマッピングする機械学習モデル。モデルはインプットからカテゴリーを判断するように訓練されます。

分類モデル*

インプットが「犬」か「猫」かというようにカテゴリーを表すラベルを返すモデル。二項分類モデルと多クラス分類モデルに分かれます。回帰モデルも参照のこと。

プーリング層

畳み込みニューラルネットワークなどの高度なモデルでよく見られる層のタイプ。プーリング層は学習可能なパラメーター（重み）を持たず、小さなインプット領域から最大値か平均値を返して空間の1次元の要素数を1/2に削減します。プーリング層は畳み込み層と似ていますが、プーリングカーネルは重なり合わないので、2×2のプーリングは、2次元の各次元の要素数を1/2に削減します。

プログラム*

コンピューターを動かすためのレシピであるアルゴリズムを一連の指示、命令という形で記述して具体的な形にしたもの。7章に具体例があります。

ベクトル*

たとえばがく片の長さ、太さ、花弁の長さのような数値を並べ、全体を1つのデータ（たとえばあやめの特徴量ベクトル）として扱うもの。

ホップフィールドネットワーク*

ネットワークの重みのなかに分散的に情報を格納し、あとでその情報を取り出すというニューラルネットワークの一種。1982年にジョン・ホップフィールドがデモを行いましたが、現代の深層学習ではあまり使われていません。

前処理

データセットを訓練や実際の分類などの処理に使う前に加える操作の総

称。モデルのタイプにかかわらずこの用語が使われます。たとえば、多くの機械学習モデルは、インプットの特徴量の範囲をどれも同じぐらいに揃え、平均を0にすると高い性能を示します。データセットをこのような特徴を持つ形に変換する(「標準化」と言います)のも前処理ステップのひとつです。画像の前処理ステップとしては、グレースケールへの変換やアルファチャネルの削除などがあります。前処理はデータセットを構築するために必要不可欠な作業です。

密層

旧来のニューラルネットワークに見られる全結合層のこと。全結合とは、前の層の各アウトプットと現在の層の各インプットの間に重みを持つつながりがあることです。深層学習ツールキットでは、全結合層ではなく「密層」という用語がよく使われます。

ミニバッチ

訓練セット全体から無作為に選択されたサブセットで、ニューラルネットワーク訓練の勾配降下ステップで使われます。ミニバッチで現れた誤差は、誤差曲面の本当の勾配の不完全な推計値になりがちです。そのため、ミニバッチを使った勾配降下法には、「確率的」という形容詞がつきます。ミニバッチを使った訓練は、個々の勾配ステップで大量の訓練データを使ったときよりも性能の高いモデルを生み出す傾向があります。ミニバッチを使った勾配降下法は、ニューラルネットワークの訓練で必要とされる計算負荷を大幅に軽減するため、これは幸運な偶然だと言えます。

モード崩壊

敵対的生成ネットワーク(GAN)の生成器が訓練中の早い段階で判別器を特に効果的にだませるアウトプットを生成したときに、生成器がそのアウトプットを気に入ってほかのアウトプットを生成しなくなるようになること。

もつれ

敵対的生成ネットワーク(GAN)のノイズベクトルの次元数が少なすぎる場合、1つの次元が生成されるアウトプットの複数の側面に影響を与えるようになることを次元のもつれと呼びます。制御可能GANは、アウトプットの特徴のもつれを解くために大きなノイズベクトルを使い、ノイズ空間内での移動によりその特徴だけを変更できるようにします。

モデル

アルゴリズムのパラメーターの調整によってある種のデータセットを分類、回帰できるアルゴリズムの総称。ニューラルネットワークだけでなく、ランダムフォレストやサポートベクトルは本質に集中するために余分な細部を取り除くように設計された複雑なものの意図的な単純化」（ダニエル・ハート『集団遺伝学およびゲノム科学入門』*A-2）です。

有効受容野

CNNの畳み込み層の特定のアウトプットに影響を与えるインプット画像の部分。

ランダムフォレスト

無作為に選択した特徴量を使い、バギングされた（サンプリングし直された）データセットを訓練する決定木を集めたもの。森のなかの個々の木が新しい特徴量ベクトルを分類し、森全体の投票に基づいて最終的なアウトプットが決まります。

リーキーReLU

渡された負数を0にせず、小さな値を掛けて0に近い負数にする正規化線形ユニット（ReLU）活性化関数の変種。

ワンホットエンコーディング

多くのモデルで必要となるクラスラベルの代替的な表現方法。クラス数と同じ数の要素を持つベクトルで、指定しようとしているクラスに対応する要素を1、それ以外の要素を0にしてクラスを表現します。

＊訳注A-2：『A Primer of Population Genetics and Genomics』（Daniel L. Hartl, 2020, Oxford University Press）

参考資料

AIの参考資料の量は膨大です。
ここで紹介するのはその一部であり、主として書籍ですが、
オンラインリソースにも優れたものがあります
（すぐに消えていくものも多数ありますが）。
お役に立てば幸いです。

＊＊＊＊

AI全般についての本としては次のようなものがあります。

『A Brief History of Artificial Intelligence』

Michael Wooldridge (Flatiron Books, 2021)
邦訳『AI技術史 考える機械への道とディープラーニング』（神林靖訳、インプレス、2022年）
本書の2章よりも完全かつバランスの取れた形でAIの歴史を説明しています。
（本文で触れたように、2章は本書の必要上偏りがあります）。

『This Could Be Important: My Life and Times with the Artificial Intelligentsia』

Pamela McCorduck (Lulu Press, 2019)
これもAIの発展を振り返る本ですが、自伝的な内容です。

『You Look Like a Thing and I Love You: How Artificial Intelligence Works and Why It's Making the World a Weirder Place』

Janelle Shane (Voracious, 2019)
本書で取り上げたテーマの多くを別の角度から説明しています。

『Deep Learning: A Visual Approach』

Andrew Glassner (No Starch Press, 2021)
ビジュアルを駆使して多くのテーマを本書よりも詳しく、しかし本書と同様に数学の負担なしで説明しています。

****

AIの専門家を目指すつもりなら、次のステップとして次のような本を読むとよいでしょう。

『Deep Learning with Python』2nd edition

François Chollet (Manning, 2021)
邦訳『Pythonによるディープラーニング』(巣籠悠輔監訳、株式会社クイープ訳、マイナビ出版、2022年)
Pythonで書かれたニューラルネットワーク構築を大幅に単純化してくれるツール、Kerasの作者の著書。

『Math for Deep Learning: What You Need to Know to Understand Neural Networks』

Ronald T. Kneusel (No Starch Press, 2021)
本書はわざと数学を避けていますが、『Math for Deep Learning』はその反対で、現代のAIで使われている数学を学ぶための本です。

『Practical Deep Learning: A Python-Based Introduction』

Ronald T. Kneusel (No Starch Press, 2021)
AIを使いたいなら、この本から始めるとよいでしょう。

『Fundamentals of Deep Learning: Designing Next-Generation Machine Intelligence Algorithms』 2nd edition

Nithin Buduma et al. (O'Reilly, 2022)
『Practical Deep Learning』の次の段階のテーマを取り上げています。

****

AI関連のオンラインリソースは多数あります。役に立ちそうな一部を紹介します。

『Neural Networks and Deep Learning』

http://www.neuralnetworksanddeeplearning.com
マイケル・ニールセン（Michael Nielsen）による無料のオンラインブック。一見の価値があります。

『Coursera Machine Learning Specialization』

https://www.coursera.org/specializations/machine-learning-introduction
コーセラが無料で視聴できるオンライン機械学習コースをスタートさせています。この講座は、知るべきすべてのことを取り上げています。

『The Illustrated GPT-2』

https://jalammar.github.io/illustrated-gpt2
大規模言語モデルの仕組みを詳しく説明してくれる非常に優れた投稿で、アニメーションも含まれています。

『AI Explained』

https://www.youtube.com/@aiexplained-official
最新ニュースを明解かつていねいに説明してくれるYouTubeチャンネル。AIの世界で何が起きているかを知りたければ、ここから始めるとよいでしょう。

『Computerphile』

https://www.youtube.com/@Computerphile
ノッティンガム大学が古くから開設しているユーチューブチャネルで、コンピューターにまつわるAIを含むあらゆる話題を取り上げています。

『Lex Fridman Podcas』

https://www.youtube.com/@lexfridman
フリードマンはMITの教授で、このYouTubeチャンネルにAIのリーダーたちへのインタビューを頻繁に掲載しています。

INDEX

数字、A～Z

さ

た

な

は

ま〜や

ら〜わ

人名

[著者について]

Ronald T. Kneusel（ロナルド・T・クナイスル）

2003年から機械学習の仕事に携わり、2016年にコロラド大学ボルダー校で機械学習の博士号を取得。本書以外に『Practical Deep Learning: A Python-Based Introduction』（No Starch Press, 2021）、『Math for Deep Learning: What You Need to Know to Understand Neural Networks』（No Starch Press, 2021）、『Strange Code: Esoteric Languages That Make Programming Fun Again』（No Starch Press, 2022、邦訳『ストレンジコード』[水野貴明訳竹迫良範監訳、秀和システム、2024]）、『Numbers and Computers』（Springer, 2017）、『Random Numbers and Computers』（Springer,2018）の5冊の本を執筆。

[技術監修者について]

Alex Kachurin（アレックス・カチュリン）

データサイエンスと機械学習の専門家でこの分野では15年の経験を積んでいる。2010年にセントラルフロリダ大学でコンピュータービジョンの理学修士を取得。

[監訳者について]

三宅 陽一郎（みやけ よういちろう）

ゲームAI開発者。京都大学で数学を専攻、大阪大学（物理学修士）、東京大学工学系研究科博士課程（単位取得満期退学）。2004年よりデジタルゲームにおける人工知能の開発・研究に従事。東京大学特任教授・立教大学特任教授・九州大学客員教授。IGDA日本ゲームAI専門部会設立（チェア）、DiGRA JAPAN理事、人工知能学会編集委員。共著『デジタルゲームの教科書』『デジタルゲームの技術』『絵でわかる人工知能』（SBCr）、著書『なぜ人工知能は人と会話ができるのか』（マイナビ出版）、『人工知能のための哲学塾』（BNN新社）、『人工知能の作り方』（技術評論社）、『人工知能が「生命」になるとき』（PLANETS/第二次惑星開発委員会）、『戦略ゲームAI 解体新書』（翔泳社）、『人工知能のうしろから世界をのぞいてみる』（青土社）、『人間とAIの相互理解が、社会に創造性と安全性をもたらす』（ダイヤモンド社）、翻訳監修『ゲームプログラマのためのC++』『C++のためのAPIデザイン』（SBCr）、監修『最強囲碁AI アルファ碁 解体新書』（翔泳社）、など多数。

[訳者について]

長尾 高弘（ながお たかひろ）

1960年生まれ。東京大学教育学部卒。英語ともコンピュータとも縁はなかったが、大学を出て就職した会社で当時のPCやらメインフレームやらと出会い、当時始まったばかりのパソコン通信で多くの人と出会う。それらの出会いを通じて、1987年頃からアルバイトで技術翻訳を始め、その年の暮れには会社を辞めてしまう。1988年に株式会社エーピーラボに入社し、取締役として97年まで在籍する。1997年に株式会社ロングテールを設立して現在に至る。訳書は、上下巻に分かれたものも2冊に数えて百数十冊になった。著書に『長い夢』（味爽社）、『イギリス観光旅行』（味爽社）、『縁起でもない』（書肆山田）、『頭の名前』（書肆山田）、『抒情詩試論？』（らんか社）。翻訳書に『詳解 システム・パフォーマンス 第2版』（オライリー・ジャパン）、『Web APIテスト技法』（翔泳社）、『クラウドデータレイク』（オライリー・ジャパン）、『scikit-learn、Keras、TensorFlowによる実践機械学習 第3版』（オライリー・ジャパン）、他多数。

デザイン・DTP ___ 原 真一朗（Isshiki）
編集担当 _______ 門脇 千智

数式なしでわかるAIのしくみ
魔法から科学へ

2024年11月27日　初版第1刷発行

著　者　Ronald T. Kneusel
訳　者　長尾 高弘
監訳者　三宅 陽一郎
発行者　角竹 輝紀
発行所　株式会社マイナビ出版
〒101-0003 東京都千代田区一ツ橋2-6-3 一ツ橋ビル 2F
TEL：0480-38-6872（注文専用ダイヤル）
03-3556-2731（販売）
03-3556-2736（編集）
E-mail：pc-books@mynavi.jp
URL：https://book.mynavi.jp
印刷・製本　株式会社ルナテック

Printed in Japan.
ISBN978-4-8399-8619-3